Nikola Tesla

Nikola Tesla ....

1. 나의 어린 시절 7

2. 나의 발명에의 최초의 노력 35

3. 나의 후반 시도들: 회전 자계의 발견 59

4. 테슬라 코일의 발견과 변압기 81

5. 확대 송신기 103

6. 무선 자동장치의 기술 123

I. 나의 어린 시절

Nikola Tesla

–

　인류의 진보적 발전은 지극히 발명에 달려있다. 이는 인류의 창조적 두뇌에 의한 가장 중요한 산물이다. 두뇌의 궁극적인 목적은 정신으로 세속을 완전히 통제하여 인간의 필요를 위해 자연의 힘을 이용하는 것이다. 이것은 종종 오해받고 보상받지 못하는 발명가의 어려운 과업이다. 하지만 발명가는 만족스러운 실력 행사와 그와 같이 특혜를 받은 부류가 없었더라면 냉혹한 폭풍우에 대한 모진 투쟁에서 인류가 오래전에 소멸하였을 것을 아는 것으로 충분히 보상을 받는다.

나에 대해 말하자면, 나는 이러한 절묘한 즐거움을 가득 차고도 넘칠 정도로 가졌는데, 내 인생에 많은 해들이 지속적인 황홀에 조금 부족할 정도이다. 나는 가장 열심히 일하는 사람으로 평판이 나 있다. 만약 생각을 하는 것도 노동에 해당한다면 나는 일어나 있는 동안은 거의 모든 시간을 노동에 할애하고 있기 때문에 아마도 나는 가장 열심히 일하는 사람일 것이다. 하지만 만약 노동이 엄격한 규율로 정해진 일정한 시간 안에 나온 절대적인 성과라고 해석된다면 나는 아마도 제일 심각한 게으름뱅이일 것이다. 강요에서 이뤄진 모든 노력은 생명력의 희생을 요구한다. 나는 이러한 대가를 치른 적이 한 번도 없다. 그와 반대로 나는 내 생각으로써 성공했다.

나의 활동에 관한 연결성 있고 충실한 기술을 하기 위해서는, 일렉트리컬 익페리멘터지(誌)의 편집자들의 도움을 받아 우리의 젊은 독자들을 위해 제공하는 이 연속출판물에서 나는 마지못해서나마 나의 진로를 결정함에 있어서 동기가 되었던 나의 젊은 시절과 환경, 사건에 대해 잠시 곱씹어 봐야 할 것 같다. 나의 초반의 시도는 생생하고 통제되지 않은 상상력에 의한, 순전히 본능에 의한 촉발이었다. 나이를 먹으면서 이성이 자기주장을 하기 시작하고 우리는 점점 체계적이고 계획적으로 된다. 하지만 즉각적으로 생산적이지는 않은 이러한 초반의 충동들이 가장 훌륭한 순간이고 바로 운명의 형태를 만든다. 다시 말해, 내가 이러한 충동들을 억누르는 대신 이해하고 양성했다면 나는 아마도 내가 세상에 남길 유산에 더 많은 가치를 더 했을 것이다. 하지만 나는 어른이 될 때까지 내가 발명가라는 생각을 하지 못했다. 이것은 여러 이유가 있다.

첫째로, 나에게는 이제껏 어떤 생물학적 연구로도 설명에 실패한 매우 드문 지능의 비범한 능력이 있는 형제가 있었다. 그의 이른 죽음은 나의 부모님을 절망에 빠지게 했다. 우리에게는 친한 친구로부터 선물로 받은 말이 한 필 있었다. 그 말은 아라비아 말 품종의 훌륭한 짐승이었는데, 거의 인간에 가까운 지능을 가졌고 모든 가족으로부터 보살핌과 쓰다듬을 받았으며 한 번은 놀라운 상황에서 나의 부친의 생명을 구한 적도 있었다. 나의 아버지는 어느 겨울 밤 긴급한 임무를 수행하도록 부름을 받았다. 늑대가 득시글 거리는 산을 건너는 동안 말은 겁을 먹고 부친을 바닥에 격하게 내동댕이 친 후 도망갔다. 말은 피를 흘리고 완전히 지쳐서는 집에 도착했는데, 경고신호가 울린 직후 달려 나가서 탐색대가 도달하기도 한참 전에 원래의 자리로 되돌아 갔다.

아버지는 자신이 눈 위에 몇 시간 동안이나 누워있었다는 사실도 깨닫지 못하고 정신이 들어 다시 말에 올라탔다. 이 말은 내 형제가 죽은 원인이 되는 부상의 책임이 있기도 하다. 나는 그 비극적인 현장을 목도하고 그로부터 56년이 지났지만 그 때 시각적으로 받은 인상은 아직도 그 영향력을 잃지 않았다. 내 형제가 이룬 성과에 대해 기억하면 내 모든 노력은 그와 비교하여 미적지근하게 보인다.

　내가 이룬 어떠한 칭찬할 만한 일들은 나의 부모님이 상실을 더 선명하게 느끼게 할 뿐이었다. 그래서 나는 별로 자신감 없이 자랐다. 하지만 내가 아직도 강렬하게 기억하는 한 사건에 비추어 판단하자면 나도 그렇게 명청한 아이는 아니었다. 어느 날, 시의원들이 내가 다른 남자 아이들과 놀고 있는 길을 지나가고 있었다. 이 덕망있는 분들, 중 가장 나이가 많은 사람, 즉 부유한 시민이 잠시 멈춰서서 우리들에게 은화 한 닢 씩을 나눠주었다. 그는 나에게 다가오다가 갑자기 멈춰서는 나에게,

"내 눈을 똑바로 쳐다 보거라" 라고 명령했다.

나는 그 소중한 동전을 받기 위해서 한 손을 내 뻗은 채로 그의 눈을 마주쳤다. 그 순간, 그는 실망스럽게도-

"안돼, 이 정도나 줄 수 없겠어. 너는 너무 똑똑하구나. 나에게서 너는 아무것도 받을 수 없다."라고 말했다.

 사람들은 나에 대한 우스운 이야기를 하고는 했다. 나에게는 두 나이 많은 숙모들이 있었는데, 그 중 한 분은 내 **뺨**에 **뽀뽀**를 하면 항상 볼에 박힐 정도로 코끼리 상아같이 튀어나온 치아 두 개가 있었다. 이처럼 다정함에 반비례하는 매력을 가진 친척들에게 포옹당할 가능성만큼 나를 무섭게 하는 것도 없었을 것이다. 나는 어머니 품에 안겨 있었는데, 그 숙모들이 나에게 자기 둘 중에 누가 더 예쁘냐고 물으셨다. 그들의 얼굴을 골똘히 살펴본 후 나는 그 중 하나를 가리키며 신중히,

"이 쪽이 다른 쪽보다 덜 못생겼어요."라고 대답했다.

–

한편, 나는 태어났을 때부터 성직자가 되기로 정해져 있었고 이 생각은 끊임없이 나를 억압했다. 나는 엔지니어가 되고 싶었지만 나의 아버지는 완강하셨다. 아버지는 나폴레옹 군부대의 장교의 아들이었고, 그의 형제와 마찬가지로 걸출한 학교의 수학 교수였으며, 군사 수업을 받았지만 특이하게도 그 후 성직자의 길을 걸어 명성을 떨친 분이었다. 아버지는 매우 박식한 분이었고, 진정으로 타고난 철학자이자 시인, 작가 였고 아버지의 설교는 아브라함 생타 클라라에 견줄 만큼 호소력있었다고들 하였다. 아버지의 기억력은 경이로울 수준이었고 자주 여러 언어로 된 작품을 한참이나 암송하셨다.

아버지는 종종 장난스럽게 고전 중에 일부가 유실되면 당신이 복원하실 수 있다고 말씀하시기도 했다. 아버지의 문체는 매우 존경받았다. 아버지가 쓴 문장들은 짧고 간결하였으며 재치와 풍자로 가득했다. 당신이 쓰신 유머는 항상 특유하고도 특징적이었다. 이해를 돕고자 예시를 한두 가지 대 보겠다.

14

우리 집의 고용인 중 농장일을 하기 위해 고용된 메인이라는 이름의 사팔뜨기 남자가 하나 있었다. 그가 어느 날 장작을 패고 있었다. 그가 도끼를 휘두르자 그 근처에 서서 매우 불편함을 느끼고 있던 나의 아버지는 그에게,

"부디 부탁인데 메인, 보고 있는 것을 치지 말고 치려고 하는 것을 치도록 하게."라고 주의를 주었다.

다른 경우는, 아버지는 한 친구를 위해 드라이브를 하고 있었다. 그런데 아버지 친구는 부주의하게도 그의 비싼 모피 코트를 마차 바퀴에 문지르게 되었다. 나의 아버지는 그에게 이를 알려주며,

"코트를 집어 넣게. 내 타이어를 못쓰게 만들고 있지 않나." 라고 하셨다.

당신은 자기자신에게 말하는 이상한 버릇이 있으셨고 종종 목소리 톤을 바꿔가며 활발한 대화를 하거나 열띤 토론에 심취하기도 하셨다. 무심코 이를 들은 사람이라면 맹세코 방 안에 여러 사람이 있다고 생각했을 것이다.

내가 가진 창의력은, 그것이 뭐가 됐던 간에, 나의 어머니의 영향으로 거슬러 올라가야만 하지만 아버지가 나에게 주신 훈련은 나에게 도움이 됐으리라. 그 훈련은 여러가지 연습으로 구성되어 있었는데, 예컨대 다른 사람의 생각을 예측하는 것이나, 어떤 형태나 표현에 있어서 흠을 찾는 것, 긴 문장을 반복하거나 머리로 계산을 하는 것 등이 있었다. 매일매일 하는 이 가르침은 나의 기억력과 사고력을 강화하고 특히 비평의 눈을 기르기 위한 것들이었고, 매우 유익했음이 틀림없다.

나의 어머니는 우리 나라에서 가장 오래된 집안이자 발명가들의 가문의 후손이었다. 어머니의 부친과 조부 모두 가정과 농경 그 외의 곳에 유용한 수많은 도구들을 발명했다. 어머니는 인생의 역경을 대면하고 고통스러운 경험을 겪은, 진정으로 대단한 여성이었고 희귀한 역량과 용기, 의연함을 지닌 사람이었다.

당신이 16살이었을 때 치명적인 역병이 전국을 휩쓸었다. 어머니의 부친은 죽어가는 사람을 위해 종부 성사를 치르기 위해 불려갔고 그 부재 동안 어머니는 공포의 질병에 시달리던 이웃 가족을 돕기 위해 홀로 나섰다. 그 다섯 가족 모두 급속도로 병으로 쓰러졌다. 나의 모친은 시신을 씻고, 입히고, 눕힌 후 나라의 관습에 따라 꽃으로 장식해 당신의 부친이 돌아 왔을 때는 모든 것이 기독교식

장례를 치를 수 있도록 준비되어 있었다. 어머니는 일류 발명가셨고, 현대 생활과 현대의 다양한 기회에 그토록 동떨어져 있지 않으셨다면 훌륭한 일들을 이뤘으리라고 믿는다. 모친은 다양한 종류의 도구와 장치들을 발명하고 조립했고 직접 자은 실로 정교하기 이를 데 없는 디자인들을 짜내셨다. 심지어 실에 필요한 식물의 씨앗도 직접 심고, 키워서는 섬유를 뽑아내기도 하셨다. 어머니는 해가 뜨고 질 때까지 포기할 줄 모르고 일하셨는데, 우리 집에서 입고 비치되어 있던 대부분은 당신 손으로 만드신 것들이었다. 60세를 넘어서도 그 손가락은 속눈썹에 세번 매듭을 지을 수 있을 정도로 여전히 민첩했다.

나의 뒤늦은 각성에는 다른 더 중요한 이유가 있었다. 내가 아직 어렸을 때 나는 진짜 사물들을 보는 것을 방해하고 나의 생각과 행동에 훼방놓는, 종종 번쩍이는 빛과 동반한 이미지들을 보는 특이한 증상에 시달렸다. 그 이미지들은 내가 실제로 보았던 물건이나 상황들이 형상화한 것으로, 내가 상상한 것들이 절대 아니었다.

누군가 나에게 어떤 단어를 말하면 나는 그 단어가 칭하는 물체의 이미지가 내 눈 앞에 뚜렷하게 나타나 가끔은 내가 본 것이 실제로 만질 수 있는 것인지 아닌지 구별하기 어려울 정도였다. 이는 나에게 큰 불편과 불안을 야기했다. 내가 상담한 심리학이나 생리학의 그 어떤 학도들도 만족스럽게 이 현상을 설명할 수 없었다. 이 현상은 특이하기는 했으나 내 형제도 이와 비슷한 문제를 겪었었다는 것에 비추어 보면 아마도 나에게 선천적으로 이런 성향이 있었던 것 같다. 내가 세운 이론은 엄청난 흥분 상태에서 뇌가 반사 작용을 일으켜 망막에 이미지를 투사했다는 것이다.

나는 이 외에는 정상적이고 차분했기 때문에 이 이미지들은 확실히 병들고 괴로워하는 정신이 만들어내는 환각이 아니었다. 독자들에게 내가 겪은 고충을 이해시키기 위해 내가 장례식이나 그와 같이 신경을 곤두서게 하는 광경을 보았다고 가정해보자. 그러면 고요한 밤에 그 상황의 생생한 그림은 필연적으로 내 눈앞에 불쑥 나타나 이것을 없애려는 나의 모든 노력이 무색하게 계속 유지될 것이다. 가끔은 내가 그 그림에 손을 밀어 넣어도 그 공간에 머무른 채 사라지지 않았다. 만약 내 가설이 맞다면 인간이 본 모든 사물의 이미지를 스크린에 투사하여 볼 수 있게 만드는 것이 가능할 것이다. 이러한 진보는 모든 인간 관계에 혁명을 일으킬 것이다. 나는 이런 경이로운 일이 미래에는 성취될 수 있고 성취되리라고 확신한다. 여기서 하나 더하자면 나는 이 문제를 해결하는 데 내 생각의 많은 부분을 할애했다. 이러한 이미지들의 출현으로부터 자유로워지기 위해서 나는 내 정신을 내가 본 것에 집중했고 이로써 자주 일시적인 안식을 얻었다. 하지만 이 안식을 얻기 위해서는 나는 계속해서 새 이미지들을 떠올려야 했다. 내가 마음대로 떠올릴 수 있는 이미지를 모두 소진했다는 사실을 깨닫는 데는 많은 시간이 걸리지 않았다. 말하자면 내 '필름'이 다 됐다는 것이다. 왜냐하면 내가 본 세상은 겨우 우리 집과 그 근처의 사물들 뿐이었으므로 매우 작았기 때문이다.

–

이러한 이미지들의 출현으로부터 자유로워지기 위해서 나는 내 정신을 내가 본 것에 집중했고 이로써 자주 일시적인 안식을 얻었다. 하지만 이 안식을 얻기 위해서는 나는 계속해서 새 이미지들을 떠올려야 했다. 내가 마음대로 떠올릴 수 있는 이미지를 모두 소진했다는 사실을 깨닫는 데는 많은 시간이 걸리지 않았다. 말하자면 내 '필름'이 다 됐다는 것이다. 왜냐하면 내가 본 세상은 겨우 우리 집과 그 근처의 사물들 뿐이었으므로 매우 작았기 때문이다. 시야에서 환영을 쫓기 위해 앞서 말한 정신적 활동을 두세번 시행하자 이 치료법은 점점 그 힘을 잃어갔다. 그래서 나는 본능적으로 내가 아는 작은 세상의 한계를 벗어난 곳으로 여행을 떠나기 시작했고 새로운 현장들을 보았다. 새로운 현장의 모습은 처음에는 매우 흐릿하고 불명확하여 집중하려면 사라지기 일쑤였지만 서서히 이것을 고치는 데 성공했다. 그 모습은 강해지고 확실해져서 결국에는 진짜 사물의 구체성을 갖게 되었다. 나는 곧 그저 내 상상력에 더 박차를 가하고 항상 새 인상을 얻으면 최선의 안정을 찾을 수 있다는 것을 발견하였다. 그리하여 나는 내 정신세계에서 여행을 떠나기 시작했다. 매일 밤 (가끔은 낮에도) 혼자 있을 때 나는 여정을 떠나고는 했다. 새로운 곳, 새로운 도시와 나라들을 구경하고, 살아보기도 하고, 사람들을 만나고, 그들과 믿기 어려울 수도 있지만 실제 삶에서의 친구들이나 아는 사람들만큼이나 소중하면 소중했지, 실제와 존재감이 조금도 약하지 않은 친구들과 지인들을 만들기도 했다.

나는 이것을 내가 17살, 내 생각들이 진지하게 발명으로 돌아서기 시작한 때까지 계속했다. 그리고 기쁘게도 나는 마음속으로 생생하게 구체화하는 데 굉장한 재능이 있는 것을 알게 되었다. 나는 모형도, 그림도, 실험도 필요없었다. 나는 모든 것들을 실제와 같이 머리 속으로 상상하는 것이 가능했다. 그리하여 나는 무의식적으로 순전히 실험에 의존하는 방식에 극단적으로 반대이고 내 의견상 훨씬 더 신속하고 효율적인 방식인 창의적인 개념과 아이디어를 실현하는 새로운 방식으로 진화한 것이다.

누군가 거친 아이디어를 실현하기 위해서 장치를 만들어내는 순간 그 사람은 그 장치의 세부사항이나 결함에 몰두하게 될 수밖에 없다. 그가 이것을 개선하고 재조립하려 하면 집중의 힘이 떨어지고 중요한 근본적인 원칙에 대한 시야를 잃게 된다. 결과는 얻게 되겠지만 항상 양질을 희생하게 되는 것이다.

내 방법은 다르다. 나는 실제 일을 하려고 서두르지 않는다. 아이디어가 떠오르면 나는 상상으로 그것을 짓는 것부터 시작한다. 머리 속에서 그 장치의 구성을 바꾸고, 개선하고, 작동시키는 것이다. 나에게 있어서는 터빈을 머리 속에서 돌리든 작업실에서 시험을 하든 아무 상관이 없다. 나는 그것이 균형이 맞지 않는 것도 알아챈다. 어찌됐든 그 둘 사이에는 아무 차이가 없고, 그 결과는 같다. 이런 방식으로 나는 아무 것도 만지지 않으면서도 빠르게 어떤 개념을 개발하고 완성하는 것이 가능하다.

생각해낼 수 있는 모든 개선을 구현하고 어떤 흠도 찾을 수 없으면 그제서야 나는 내 머리속에 있는 최종 결과물을 실체적인 형태로 만든다. 한 번도 틀린 적 없이 이렇게 만든 장치는 내가 생각한 대로 작동하고 실험 결과는 내가 계획한 대로 나타난다. 20년 동안 한 번도 예외는 없었다. 왜 그렇지 않겠는가? 전기와 기계를 포함한 공학은 결과에 있어서 명확하다. 공학만큼 수학적으로 다뤄서 이미 효과가 계산 되거나 이미 존재하는 이론적, 실기적 자료를 토대로 결과가 결정되는 과목은 거의 없다. 전반적으로 행해지는 거친 아이디어를 시행 연습하는 행위는 체력, 돈, 그리고 시간의 낭비에 불과하다고 생각한다.

내 어릴 적의 증상은 다른 보상이 더 있었다. 끊임없는 정신적 노력은 관찰력을 기르고 아주 중요한 진실을 발견할 수 있도록 해주었다. 내가 깨달은 것은 환영은 항상 특이하고 일반적으로 매우 예외적인 조건에서 발생한 장면들의 실제 모습이 있은 후에 나타난다는 것이었다. 그래서 나는 환영을 볼 때마다 원래의 충동이 어디에서 왔는지 찾아야만 했다. 이런 노력은 얼마 후에 자동적으로 기울이게 되었고 나는 원인과 결과 간의 상관관계를 잇는 데 있어서 상당한 재능을 얻게 되었다. 얼마 지나지 않아 놀랍게도 나는 내가 갖는 모든 생각은 외부의 인상에서 연상한 것이라는 사실을 눈치채게 되었다. 생각 뿐만 아니라 나의 모든 행동이 이와 비슷한 방법으로 촉발되었다. 시간이 지나면서 나는 감각기관의 자극에 반응하여 그에 따라 생각하고 움직이는 동력을 가진 자동장치에 불과하다는 사실이 스스로 완벽히 명백해졌다. 이러한 깨달음의 실질적 결과는 지금까지는 겨우 불완전한 정도로만 진행된 장거리 조종 자동장치 기술이다. 하지만 이것의 잠재력은 종국에는 나타날 것이다. 그 후로 나는 몇 년간 스스로 조종가능한 자동장치를 계획하고 있는 중이고 제한적인 한도 내에서 이성을 가진 것처럼 행동하는 기계가 만들어져 수 많은 상업과 산업의 측면에 혁명을 가져올 것이라고 믿고 있다.

12살에 나는 완고한 노력으로써 눈 앞에서 환영을 지우는 것에 처음으로 성공했지만 한 번도 앞서 말한 번쩍이는 빛을 조절하지는 못했다. 그것은 나에게 있어 가장 이상한 경험이었고 설명도 할 수 없었다. 그 빛은 내가 위험하거나 괴로운 상황, 또는 내가 굉장히 신나 들떠 있을 때 주로 나타났다. 어떤 때에는 불꽃이 일렁이는 불덩으로 내 주변 허공이 온통 가득찬 것도 본 적이 있다. 그것의 강렬함은 시간이 지날 수록 약해지기는 커녕 강해졌고 내가 25살 무렵에 최고치에 달한 것으로 보였다. 1883년 내가 프랑스 파리에 있을 때 한 유명한 프랑스 제조업자가 사냥 여행에 나를 초대했는데 나는 이 초대를 받아들였다. 나는 그 때 오랫동안 공장에 처박혀 있다시피 하였고 신선한 공기는 나를 매우 활기넘치게 해주었다. 도시로 돌아온 그날 밤, 나는 뇌에 불이 붙은 듯한 뚜렷한 감각을 느꼈다. 마치 뇌 안에 작은 태양이 자리잡은 것 같이 빛을 계속 보았고 나는 내 고문받는 머리에 차가운 것을 갖다 대는 것으로 온 밤을 지새웠다. 번쩍이는 주기와 세기가 잦아 들기는 했지만 이가 완전히 사라 지는 데는 3주 이상이 걸렸다.

두번째로 초대가 왔을 때, 내 대답은 단호한 아니요! 였다.

이 반짝이는 증상은 아직도 여러가지가 가능하게 할 새로운 아이디어가 떠오르면 가끔 나타나는데, 옛날만큼 과도할 정도는 아니고 상대적으로 약한 강도이다. 눈을 감으면 나는 한 번도 빠짐없이 맑지만 별이 뜨지 않은 밤하늘같은 매우 어둡고 일정한 푸른색의 배경을 제일 먼저 본다. 몇 초 후에 이 바탕은 반짝이는 많은 초록색의 박편들로 살아나기 시작하여 여러 겹으로 정렬하며 나에게 점점 다가온다. 그리고 오른쪽에서 연두색과 금색이 두드러지는 여러 색들의, 서로 직각이나 평행을 이루며 매우 가까이 지나가는 두 선에 의한 아름다운 패턴이 나타난다.

그 직후에는 그 선들은 점점 밝아지고 전체가 반짝이는 빛의 점으로 두텁게 뒤덮이게 된다. 이 그림은 시야에서 천천히 10초에 걸쳐서 왼쪽으로 움직이며 사라진다. 그 뒤에 남은 것은 약간 불쾌하고 무기력한 회색 바탕인데, 이는 곧 스스로 살아있는 형태가 되려고 하는 것 처럼 소용돌이치는 구름 바다로 바뀐다. 이 두번째 단계에 이르기 전에 회색 바탕 위에 아무것도 투사할 수 없는 것은 별난 일이다. 잠이 들기 전에는 항상 사람들이나 사물의 이미지가 내 눈 앞을 스쳐지나간다. 그것들을 보면 나는 내가 곧 무의식 상태가 될 것이라는 것을 알게 된다. 만약 그것들이 나타나지 않고 아무래도 떠오르지 않으면 그날 밤은 잠을 자지 못한다는 뜻이다.

상상이 얼마나 나의 어린시절을 차지했는지에 대해 상세히 서술하자면 다른 특이한 경험을 들 수 있겠다. 다른 여느 아이들처럼 나는 뜀뛰기를 좋아했고, 공중에 붕 뜬 상태로 있고 싶다는 강렬한 욕망을 가졌었다. 가끔 산에서부터 산소가 가득한 강한 바람이 불어 나의 몸을 코르크처럼 가볍게 만들면 나는 뛰어 올라 공중에 한참동안이나 떠있기도 했다. 이것은 매우 즐거운 감각이었으며 그로부터 잠시 후 나 스스로를 속이기를 멈추었을 때 나의 실망은 이루어 말할 수 없었다.

—

그 시기에 나는 매우 이상한 호불호와 버릇이 생겼다. 이 중 어떤 것은 어떤 외부의 인상에 의한 것이었는지 되짚을 수 있지만 어떤 것들은 기억나지 않는 것들도 있다. 나는 여성들의 귀걸이에 극심한 불호가 있었지만 팔찌나 다른 장신구는 그 디자인에 따라 즐기는 것들도 있었다. 진주는 발작을 일으킬 정도로 싫어했지만 크리스탈이나 날카로운 모서리와 평평한 면을 가진 물건들이 반짝이는 모습은 나의 마음을 사로잡았다. 나는 목에 칼을 대기 전에는 다른 사람의 머리카락 끝도 건드리고 싶지 않았다. 복숭아를 보면 아플 지경이었고 집안에 장뇌가 있기만 하더라도 엄청나게 불쾌했다. 지금도 이와 같은 불쾌한 충동에 무감해지지 않았다. 물그릇에 작은 종이 조각들을 빠트리면 언제나 내 입안이 이상하고 끔찍한 맛으로 가득차는 느낌이다. 나는 내가 걷는 걸음걸음 수를 모두 세었고 수프 그릇과 커피 컵, 음식의 용적을 재었는데, 그렇게 하지 않으면 음식을 즐길 수 없었다. 모든 반복적인 행동이나 작업은 숫자 3으로 나눌 수 있는 횟수로 해야 했고 만약 이 숫자를 놓치면 몇 시간이 걸리던 처음부터 다시 시작해야 했다.

8살까지 나는 매우 유약하고 우유부단한 성격이었다. 나는 확실한 결정을 내릴 용기도 힘도 없었다. 내 감정은 파도처럼 오락가락했고 극단 사이에서 요동쳤다. 나의 소망들은 나를 소모하는 힘이었고 하이드라의 머리처럼 늘어나기만 했다. 나는 삶과 죽음에서의 고통에 대한 생각과 종교적 두려움에 압박받았다. 미신에 동요하며 악령과 귀신, 오우거나 다른 어둠의 불경한 괴물들에 대한 끊임없는 두려움을 느끼며 살아왔었다. 그런데 한 순간 내 존재 전체의 방향을 바꾼 엄청난 변화가 있었다.

세상 모든 것들 중에 나는 책을 가장 좋아했다. 나의 부친에게는 많은 장서가 있었고 나는 내가 가능한 한 언제나 독서에 대한 나의 열정을 채우려 했다. 아버지는 이를 허락하지 않았고 내가 책을 읽고 있는 것을 발견하면 크게 화를 내고는 하셨다. 내가 몰래 책을 읽는 것을 알았을 때는 양초를 숨기기도 했다. 아버지는 내가 눈을 버리지 않길 원하셨던 것이다. 하지만 나는 양초용 수지를 구했고 심지를 만들어 양철들로 양초를 조형해냈다. 그리고 매일 밤 열쇠 구멍과 틈새에 축받이통을 끼워넣어 종종 모든 사람들이 잠들어 있지만 어머니만 매일매일 해야하는 일을 시작하는 동틀 때 까지 책을 읽곤 했다. 한 번은 "아바피 (아바의 아들)"이라는 잘 알려진 헝가리 작가 요시카의 세르비아어 번역 소설을 접했다. 이 작품은 내 안에 잠들어 있던 의지력을 깨웠고 나는 자제를 실천하기 시작했다.

처음에 내 결의는 4월의 눈처럼 사라졌지만 얼마 지나지 않아 나는 내 약점을 극복해내고 내가 의지하는 일을 해내는 것에서 앞서 한 번도 느껴보지 못한 쾌감을 느꼈다. 시간이 지나면서 이 격렬한 정신 운동은 내 후천적 천성이 되었다. 그 발단에서는 내 소망들을 가라앉혀야 했지만 점점 욕구와 의지가 동일화하기 시작했다. 이런 단련법을 수 년간 하자 나는 내 자신의 온전한 주인이 될 수 있었고 이로써 나는 가장 강한 사람들에게도 파멸을 가져올 수 있는 행위인 내 열정을 가지고 놀 수 있는 경지에 이르렀다. 어느 나이엔가 나는 도박에 열광하게 되었는데 이 때문에 나의 부모님들은 매우 걱정했다. 카드게임에 참여하는 것은 나에게 있어 쾌감의 정수였다. 나의 아버지는 모범적인 삶을 살았기 때문에 내가 푹 빠져있던 무의미한 시간과 돈의 낭비를 보고 가만둘 수 없었다. 나에게는 매우 강한 의지력이 있었지만 내 철학은 불량했었다. 나는 아버지에게,

"저는 원하기만 하면 멈출 수 있지만 천국의 즐거움을 살 수만 있다면 이것을 그만둘 가치가 있겠어요?"라고 답했다.

아버지는 자주 당신의 분노와 경멸을 표현했지만 나의 어머니는 달랐다. 당신은 사람의 성질을 이해했고 누군가의 구원은 그가 노력을 할 때만 가능하다는 것을 알고 계셨다. 기억하건대 어느날 오후, 내가 돈을 모두 잃고도 또 카드게임을 갈망하고 있을 때, 어머니는 지폐 한다발을 들고는 나에게 다가와 말씀하셨다.

"가서 맘껏 놀렴. 네가 우리가 가진 모든 것을 더 빨리 탕진할수록 더 좋을 거다. 난 네가 이걸 극복할 거란 걸 알고 있단다." 어머니는 옳았다.

나는 그 순간 그 자리에서 바로 도박에 대한 열광을 이겨냈고 내 열정이 백배는 더 강력하지 못한 점만을 후회했다. 나는 단지 그 열광을 정복했을 뿐만 아니라 내 심장에서 부터 잡아 뜯어내어서 어떤 욕망의 흔적도 남기지 않도록 하였다. 그 후로 나는 이빨 고르기 같은 어떤 사소한 종류의 도박에도 무관심을 유지했다.

다른 때에는 나는 건강에 위협이 갈 정도로 과도하게 담배를 피웠었다. 그러자 나의 의지가 강하게 자기주장을 하여 나는 담배를 끊었을 뿐만 아니라 그와 관련된 모든 성향을 파괴했다. 오래전 나는 매일 아침 의식도 없이 마시던 한 잔의 커피가 원인이었다는 사실을 발견하기까지 심장 문제에 시달렸다. 고백컨대 절대 쉬운 일은 아니었지만 나는 그 즉시 커피를 끊었다. 이렇게 나는 다른 버릇들과 열정들도 확인하고 절제하여 내 생명을 보존했을 뿐만 아니라 다른 사람들은 궁핍과 희생이라고 여길 것에서 엄청난 만족감을 얻었다.

폴리텍 학교와 대학교를 졸업한 후에는 엄청난 신경 쇠약에 시달렸는데 이 병이 지속되는 동안 나는 많은 이상하고 믿기 어려운 현상들을 목격했다.

2. 나의 발명에의 최초의 노력

Nikola Tesla

–

심리학과 생리학을 공부하는 사람들이 흥미를 가질 수 있기 때문에, 그리고 또 이 시기에 내가 겪은 고통은 내 정신적 발달에서 가장 큰 승리이자 그 후의 노력의 원인이었기 때문에 이 예외적인 경험들에 대해서 잠시 이야기하고자 한다. 하지만 우선 이 경험들을 일부분이나마 설명해줄 수 있을 앞선 상황과 사정을 먼저 설명하는 것이 필수적일 것 같다. 어렸을 때부터 나는 내 자신에게 주의 집중할 수밖에 없었다. 이는 나에게 많은 고통을 안겨 주었지만 지금 내 시선에서 보자면 이것은 가면을 쓴 축복이었던 게, 이 덕분에 나는 생명을 보존하기 위한 자기 성찰과 성취를 위한 수단의 혜

아릴 수 없는 중요함을 감사할 줄 알게 해주었기 때문이다. 일의 압박과 끊임없이 지식의 관문을 통해 우리 의식으로 흘러들어오는 영향의 흐름은 현대에서 존재하는 우리를 여러가지로 위험하게 만든다. 대부분의 사람들은 외부 세계에 집중하다 보니 자기 안에서 무슨 일이 일어나고 있는 지에 대해서는 완전히 의식하지 못하게 된다. 명을 다하지 못하고 죽는 수백만의 사람들은 대다수 이런 이유에서 비롯된다. 자기 관리를 하는 사람들 사이에서도 흔히 있는 실수는 진짜 위험은 무시하면서 상상에서 비롯된 위험을 피하는 것이다. 이렇게 한 사람 한 사람에게 적용될 수 있는 사실은 대체적으로 인류 전체에도 적용될 수 있다.

예컨대, 금주운동을 보자. 헌법에 반한다고도 볼 수도 있는 이 극단적인 조치는 전국에 걸쳐 음주를 금지하도록 내려졌지만, 중독되는 이가 훨씬 많다는 점에서 미루어 보아 전국민의 몸에 훨씬 더 해로운 커피나 차, 담배, 츄잉껌 등의 각성제는 어린 나이부터 자유롭게 즐길 수 있게 되어 있다. 예를 들어 내가 학생일 때 나는 커피가 널리 사랑받는 곳인 비엔나에서 발행된 추도문 모음을 보았는데, 거기서 사망 원인이 심장 문제에 의한 경우가 67%에 달하는 것을 발견했다. 이와 비슷한 결과는 차를 과도하게 많이 마시는 도시에서도 비슷하게 나타날 것이라고 추정한다. 이 맛있는 음료들은 뇌의 미세 섬유를 과흥분 시키고 점점 고갈시킨다. 이것들은 혈액순환에 심각한 영향을 주어 느리고 느껴지지 않게 몸에 해로운 영향을 주기 때문에 조금씩만 즐겨야 한다. 반면 담배는 편안하고 유쾌한 생각을 하도록 도움이 되기 때문에 모든 독창적이고 활발한 지성의 노력에 필요한 전념과 집중을 다른 곳으로 돌리게 한다. 츄잉껌은 잠시 동안은 도움이 되지만 분비선계를 메마르게 하고 역겨워 보이는 것은 물론, 되돌이킬 수 없는 피해를 입힌다. 적은 양의 알콜은 훌륭한 강장제이지만 많이 흡수할 경우 독이 되는데 이는 위스키를 마셔서 흡수된 것이나 당류가 위에서 발생하면서 흡수된 것이나 크게 상관없다. 하지만 이 모든 배제해야 할 것들이 자연 섭리의 엄격하지만 공정한 적자생존의 법칙을 원조하고 있음을 넘겨봐서는 안 될 것이다. 개혁에 열심인 자들은 무신경한 자유방임주의를 만들어내는 인류의 영원한 도착적인 면이 엄격한 규제에 비하여 훨씬 나음을 신경써야 할 것이다.

이에 대한 진실은, 현재의 생활 상태에 있어서 우리는 최고의 일을 해내기 위해서 이런 각성제들이 필요하고 우리는 모든 방향에서 우리의 욕구와 성향을 절제하고 조절하도록 연습해야만 한다는 것이다. 그것이 내가 신체와 정신을 젊게 유지하기 위해 몇 년 동안이나 해온 것이다. 금욕은 내가 항상 좋아하는 것이 아니었지만 내가 지금 겪는 좋은 경험들로써 충분한 보상을 받고 있다. 여러분 중 몇몇을 내가 준 수칙과 신념으로 전향시킬 수 있을까 하여 그 경험 중 한두개를 떠올려 보도록 하겠다.

얼마 전, 나는 내 숙소로 돌아가는 중이었다. 그 날은 매우 추운 겨울 밤이었고 길바닥은 미끄러웠으며 택시는 잡히지 않았다. 내 뒤로 반 블록 떨어져서 다른 한 남자가 뒤따라 오고 있었는데 그 역시 나처럼 집으로 돌아가기 위해서 안달이 난 상태였다. 갑자기 내 다리 하나가 공중으로 붕 떴다. 그 순간 내 머리 속에서는 섬광이 보였고 신경조직들이 반응하며 근육이 수축해, 나는 180도 뱅 돌아 두 손으로 착지했다. 나는 마치 아무 일도 없었던 것처럼 다시 걷기 시작했는데 이 때 내 뒤에 있던 낯선 남자가 나를 따라잡아왔다.

"나이가 어떻게 되십니까?" 그 남자는 나를 세세히 살펴 보며 물었다. 나는 "오, 거의 59세요."라고 답했다.

. "그건 왜 물으십니까?" 그 남자는 "글쎄요, 저는 고양이가 이러는 건 봤지만 사람이 이러는 건 본 적이 없어서요."라고 말했다.

그로부터 한달 정도 후 나는 새 안경을 맞추고 싶어 안경사를 찾아 갔다. 그리고 늘상 하는 시력검사를 받았다. 내가 상당한 거리에서도 가장 작은 글자까지 쉬이 읽어 내려가자 그는 나를 매우 놀라운 눈을 바라봤다. 그리고 그 사람에게 나는 지금 예순이 넘었다고 말하자 그는 놀라움으로 숨이 막힌 듯 했다. 내 친구들은 종종 나에게 내 수트는 항상 나에게 꼭 맞아 떨어진다고 말하는데 그들은 내가 가진 모든 옷들은 35년 전에 내 수치에 맞게 맞춤으로 만든 후 한 번도 바뀐 적이 없다는 사실을 모른다. 그 세월동안 내 몸무게는 단 1파운드도 바뀐 적이 없다.

이와 관련해서 한 가지 재미있는 이야기를 해보겠다. 1885년 겨울 어느 저녁 에디슨 씨와 에디슨 이루미네이팅 회사의 회장인 에드워드 힐버드 존슨 씨, 그리고 경영자인 바첼러 씨와 내가 5번가의 65의 건너편에 있는 작은 건물에 위치한 그들의 회사 사무실에 들어가려고 할 때였다. 누군가 몸무게를 가늠해보자고 하며 내가

"테슬라는 정확하게 152 파운드일 거네." 그는 내 몸무게를 정확하게 예측했다. 저울 위로 올라가도록 설득했다. 에디슨은 내 몸 전체를 더듬어 보며 말했다. 나는 옷을 입지 않은 채로 142 파운드였고 그것은 지금 현재도 내 몸무게이다.

나는 존슨 씨에게 귓속말을 했다. "어떻게 에디슨이 제 몸무게를 이렇게 근접하게 가늠할 수 있는 거죠?" 그는 목소리를 낮추며 이렇게 말했다. "그게, 테슬라씨 당신에게만 은밀하게 말해 드리죠. 하지만 이것에 대해 아무 말도 하면 안됩니다. 에디슨은 오랫동안 시카고 도살장에서 일했는데 그 때 매일 돼지 수천마리의 무게를 쟀습니다! 그래서 그런 겁니다."

독자 여러분, 촌시 M 데퓨 경이 말하길, 어떤 잉글랜드인이 자기가 겪은 경험담을 말한 후 그것을 들은 사람은 어리둥절한 표정을 짓고는 1년이 지난 후에야 그것 때문에 웃음을 터뜨렸다 이야기가 있다. 솔직히 고백하자면 나는 그것보다 더 오랜 시간이 지나서야 존슨 씨의 농담을 이해할 수 있었다. 지금 나의 안녕은 단순히 조심스럽고 신중한 삶의 방식의 결과이다. 그런 나에게 아마도 가장 놀라운 일은 어린 시절에 나는 희망이 없을 정도로 나의 신체를 망가뜨리고 의사들도 치료를 포기한 병을 세차례나 겪었다는 사실일 것이다. 그보다 더 놀라운 것은 나 자신의 무지와 속편한 생각으로 나는 온갖 어려움과 위험, 곤경에 빠졌었는데 마치 마법처럼 거기서 스스로 해방되었던 것이다. 나는 수십번은 익사할 뻔한 적이 있고, 산채로 물에 끓여질 뻔한 적도, 거의 화장당할 뻔 한 적도 있다. 나는 길을 잃어 꽁꽁 언채로 땅에 묻힌 적도 있다. 한 끝 차이로 미친 개나 숫돼지, 그리고 다른 야생동물들에게서 도망친 적도 있다. 나는 끔찍한 질병들을 앓았고 온갖 이상한 사고들을 당해 와서 지금 이렇게 건강하고 활기찬 것이 기적같을 정도이다. 하지만 과거의 그런 사건사고들을 떠올려보면 내 생각에 내가 이렇게 몸을 보전한 것은 완전히 우연만은 아니라고 확신한다.

발명가의 노력은 근본적으로 생명을 살리는 것이다. 발명가가 힘을 제어하든, 장치를 개선하든, 아니면 새로운 안락과 편의를 제공하든 그는 우리 존재의 안전에 보태는 일을 한다. 발명가는 관찰력이 뛰어나고 꾀가 많기 때문에 그 자신을 위험으로부터 보호하는데 있어서 평균적인 사람들보다 더 자질이 있다. 만약 내가 조금이라도 그런 자질을 갖고 있다는 다른 증거가 없다면 다음의 개인적 경험에서 찾아볼 수 있을 것이다. 내가 드는 다음의 한두 예시에서 독자 여러분이 직접 판단할 수 있을 것이다.

언젠가 14살 때 나는 친구와 수영을 하고 있었는데, 그 친구를 놀래키고 싶었다. 내 계획은 물에 떠있는 긴 구조물 밑으로 잠수를 해서 다른 한쪽 끝에서 조용히 나오는 것이었다. 나는 오리만큼 수영과 잠수에 자신이 있었기 때문에 그런 솜씨를 얼마든지 보여줄 수 있다고 자신이 있었다. 그리하여 나는 물 안으로 풍덩 들어갔고 친구의 시야에서 보이지 않게 되자 돌아서서 반대편으로 쏜살같이 수영해 나갔다.

그 구조물에서부터 안전히 벗어났다고 생각하여 나는 수면으로 올라왔지만 낭패스럽게도 들보에 부딪혔다. 당연히 나는 급히 잠수를 했고 숨을 더 참을 수 없을 때까지 빠르게 팔을 저어가며 앞으로 나아갔다. 두번째로 수면으로 올라왔을 때 내 머리는 다시 들보에 부딪혔다. 그 순간부터 나는 매우 다급해졌다. 나는 내 모든 에너지를 모아서 정신없이 세번째 시도를 했지만 결과는 똑같았다. 숨을 참는 것의 고통을 더이상 견딜수 없었고 내 뇌는 어지럽기 시작해 나는 물에 서서히 잠기는 것을 감지했다.

그 절대적으로 절망적인 상황에 놓인 순간 나는 예의 번쩍이는 빛을 보았고 내 머리 위에 있는 구조물이 눈앞에 보이기 시작했다. 내가 알아본 것이든 짐작한 것이든 물과 들보위에 놓인 판자 사이에 작은 공간이 있었고 의식이 이미 멀어진 상태에서 나는 물위로 떠올랐고 판자 가까이 입을 갖다 대서 조금의 공기를 들이마셨다. 불행히도 그 공기에는 물보라가 섞여 들어가 숨이 막힐 뻔했다. 나는 엄청난 속도로 뛰고 있던 심장이 가라앉아 내가 진정할 수 있을 때까지 꿈을 꾸는 것인양 이 과정을 여러번 반복했다. 그 후 나는 완전히 방향감각을 상실해서 몇 번 더 잠수에 실패했지만 결국에는 그 덫에서 빠져나오는 데 성공했다. 그 때는 이미 내 친구는 나를 포기하고 내 사체를 찾고 있었다. 나의 무모함 때문에 그 수영 시즌은 망쳤지만 나는 곧 이때의 가르침을 까먹고 고작 2년 후에 더 심각한 위기에 빠지게 되었다.

당시 내가 공부하기 위해 가 있던 도시 근처에는 큰 방앗간 옆에 강을 가로지르는 댐이 있는 곳이 있었다. 대체적으로 댐 위로 2-3인치 정도만 물이 차올라 있었기 때문에 그 쪽으로 헤엄쳐 나오는 것은 그렇게 위험한 일도 아니었고 종종 했던 일이다. 그러던 어느 날, 나는 평소처럼 강을 즐기기 위해서 혼자 거기로 갔다. 그런데 댐에 가까워 졌을 때는 섬뜩하게도 물이 평소보다 높이 올라 차서 나를 매우 빠른 속도로 휩쓸고 가는 것을 감지할 수 있었다. 나는 벗어나려고 했지만 이미 늦었었다. 하지만 운 좋게도 나는 벽을 두 손으로 잡아 물에 휩쓸려 가는 일은 면했다. 가슴으로 들어치는 물의 압력은 엄청났고 겨우 물 위로 머리를 들어올릴 수만 있었다. 사람이라곤 그림자도 보이지 않았고 내 목소리는 폭포소리에 잠겼다. 천천히 나는 힘을 잃어갔고 더 이상 버티기도 힘들었다. 내가 폭포 아래에 있는 바위에 내동댕이쳐 지도록 모든 것을 포기하려고 할 때 나는 눈앞에서 섬광이 지나가면서 이동하는 액체의 압력은 거기에 노출된 부위에 비례한다는 수력학의 원칙을 설명하는 익숙한 도표가 그려졌다. 그리고 나는 그 즉시 자동적으로 몸을 왼쪽으로 돌렸다. 마치 마법처럼 내가 받는 수압은 낮아졌고 그 자세로 물의 흐름을 버티는 것이 상대적으로 편하다는 것을 알게 되었다. 하지만 위험은 계속 머물러 있었다.

나는 내가 누군가의 주의를 끌더라도 제 시간에 구조가 도착하지 못할 것이기 때문에 내가 조만간 물에 휩쓸려 갈 것이라는 사실을 알고 있었다. 나는 지금은 양손잡이이지만 당시에는 왼손잡이였고 상대적으로 오른팔 힘이 약했다. 이런 이유로 나는 내 왼팔을 쉽게 해주기 위해 다른 편으로 돌릴 엄두를 내지 못했고 할 수 있는 것이라고는 댐을 따라 천천히 몸을 밀어가는 것 밖에 없었다. 나는 방앗간에서부터 반대편으로 내 얼굴이 향한 방향으로 이동해야 했는데 이것은 방앗간 방향에서 떨어지는 물이 훨씬 빠르고 깊었기 때문이다. 이것은 매우 길고 고통스러운 시련이었다. 마지막에 다 와서는 댐에 깊게 패인 부분을 거쳐가야 해서 실패할 뻔했다.

마지막 남은 힘을 쥐어짜서 이것을 극복하고 나중에 내가 발견된 물가에 다다랐을 때는 나는 기절했다. 내 왼편 살갗은 거의 완전히 찢겨 나갔고 열이 내리고 건강을 되찾기 까지는 몇 주가 걸렸다. 이것은 많은 예시 중에 두 경우 뿐이지만 이것으로도 충분히 발명가의 본능이 아니었다면 내가 살아서 이 이야기를 하는 일은 없었을 것이라는 사실을 보여줄 수 있지 싶다.

 관심이 있는 사람들은 종종 내가 어떻게 그리고 언제부터 발명을 시작하게 되었는지 묻는다. 이에 대한 대답은 나의 상당히 야망넘치는 첫번째 시도에 대한 기억으로만 답할 수 있을 것 같다. 이것이 야망넘쳤던 이유는 새로운 장치와 방식까지 발명해야 했기 때문이다. 새로운 장치라면 예상할 수 있었겠지만 그 후자인 새로운 방식은 독창적이었다. 이것은 다음과 같은 상황으로 벌어졌다.

나와 놀이 친구였던 아이 중 하나가 낚시바늘과 낚시 도구를 가지게 되었다. 이는 마을 안에서 꽤나 난리법석을 일으켰다. 그리하여 우리는 다음 날 아침 모두 모여 개구리를 잡으러 나섰다. 나는 앞서 이 아이와 싸운 적이 있어 혼자 남겨졌다. 나는 한 번도 실제 낚시바늘을 본 적이 없어 이를 어떤 특이한 능력이 있는 놀라운 물건이라고 상상했고 그 무리에 끼지 못한 것에 슬퍼하고 있었다. 나는 이 필요에 의해 촉발되어 어찌어찌 연철로 된 철사를 구했고, 이 끝을 돌로 두드려 날카롭게 만든 후 낚시바늘 모양대로 구부려서 튼튼한 실에 매달았다.

그리고는 긴 막대를 자르고 미끼를 모아서 개구리가 많이 사는 개울로 갔다. 하지만 나는 한 마리도 잡을 수 없었고 나무둥치 위에 앉아있는 개구리 앞에서 빈 낚시바늘을 대롱거리는 상황에 낙심했다. 처음에 그 개구리는 주저앉아 있었는데 점점 눈이 튀어나오기 시작하며 충혈된 듯 눈이 시뻘개 지더니 덩치가 두 배가 돼서는 낚시바늘을 향해 난폭하게 달려들었다. 나는 그 즉시 낚싯대를 잡아당겼다. 이런 방식을 계속해서 반복했는데 그 때마다 틀림없이 개구리가 잡혔다. 훌륭한 장비를 갖추고도 아무것도 잡지 못한 나의 동무들이 내 근처로 왔을 때 그들은 질투심에 불타는 것 같았다. 오랫동안 나는 이 비결을 비밀로 지켜 혼자 독점했지만 성탄절 때 나눔의 정신에 굴복하여 이 비밀을 나눠주었다. 모든 동네 남자

아이들은 그제서야 똑같이 할 수 있었고 그 해 개구리들은 아주 작살났었다. 그 다음 시도에서는 나는 처음으로 본능적인 충동에 의해 이를 시행했는데, 자연력을 인간에게 도움이 되도록 제어하고자 하는 이 충동은 나를 그 이후에도 지배했다. 이 시도는 그 시골에서 틀림없는 해충이었던 떡갈잎풍뎅이(미국에서는 준벅이라고도 불리는)를 통해서 이루어졌는데 이 풍뎅이는 가끔 순전히 무게만으로 나뭇가지를 부러뜨리기도 했다. 이 벌레 때문에 덤불이 새까맣게 되기도 했다.

나는 이 곤충을 4마리 까지 가는 축으로 된 축차에 연결해서 여기서 나온 움직임을 커다란 원반으로 전달시켰고 상당한 정도의 "동력"을 만들어냈다. 이 생물들은 놀라울 정도로 효율이 좋았고 한 번 움직이기 시작하면 멈출 줄 모르고 빙빙 돌기를 계속하며 더워질 수록 더 열심히 일했다. 이 모든 것은 어떤 낯선 남자아이가 우리집에 왔을 때까지 잘 진행되었다. 그 아이는 은퇴한 오스트리아 장교의 아들이었다. 그 호로자식은 떡갈잎풍뎅이들을 산채로 먹어치우고는 마치 그것들이 고급 작은 굴인 것처럼 좋아했다. 그 역겨운 모습이 이 유망한 영역에서의 나의 시도를 완전히 끝마쳤고 그 후로 나는 한 번도 떡갈잎풍뎅이는 커녕 다른 곤충도 만질 수가 없게 되었다.

아마도 그 이후에 나는 조부의 시계들을 분해하고 재조립하는 데 착수했던 것 같다. 분해하는 것은 항상 성공적이었지만 재조립에는 종종 실패했지만 말이다. 그래서 조부는 그닥 섬세하지 않은 방법으로 나의 작업을 급하게 정지시켰고, 그 후 30년이 지난 후에야 다시 시계를 만지작거리게 되었다. 그리고 얼마 있지 않아 나는 곧 장난감 총을 만드는 공정을 시작하게 되었는데, 이 장난감 총은 속이 빈 관과 피스톤, 그리고 두 개의 삼마로 된 마개로 만들어져 있었다.

이 총을 쏘려면 피스톤을 쏘는 사람의 배에 누르고 재빠르게 두 손으로 관을 뒤로 밀어야 했다. 그러면 마개 사이에 있는 공기가 압축되어 온도가 올라가면서 마개 중 하나가 시끄러운 소리를 내며 튀어 나가는 것이었다. 이 기술은 속이 빈 줄기 중에서 적당하게 끝이 모아진 관을 찾는 것이 관건이었다. 나는 이 총을 매우 잘 만들어 놓았는데, 우리 집 창문이 방해를 하는 바람에 혹독한 좌절을 맞게 되었다. 내가 제대로 기억하고 있다면 그 후에는 쉽게 구할 수 있는 가구들로 나무칼을 만들기 시작했을 것이다.

그 당시 나는 세르비아의 국민적 시에 빠져있었고 영웅들의 위업에 깊이 감명하고 있었었다. 몇 시간 동안이나 옥수숫대를 적 삼아 베어 대었고 덕분에 작물을 망쳐 몇 번이나 어머니로부터 엉덩이를 맞는 보상을 받았다. 더욱이 이 칼들은 정식은 아니었지만 제대로 된 물건들이었다. 나에게는 이런 일들이 6살에 내가 태어난 마을 스밀얀에 있던 초등학교 1학년생이 되기 전에 숱하게 있었다. 이 때 즈음 우리는 고스픽이라는 근처의 작은 도시로 이사갔다. 이런 거주의 변화는 나에게 있어 청천벽력과도 같은 일이었다. 우리 비둘기들, 닭들과 양들, 그리고 아침이면 구름처럼 날아올라 해질녘이면 지금의 비행 중대 최고의 비행사들도 부끄러울 정도로 완벽한 전투대형으로 먹이터에서 돌아오던 웅장한 거위떼들과 헤어지게 되어 가슴이 찢어지는 것 같았다. 새 집에서 나는 낯선 사람들을 창문 블라인드 너머로 바라보는 수감자에 지나지 않았다. 나의 숫기 없음은 너무나 심해서 차라리 으르렁 거리는 사자를 대하면 대했지 이리저리 거닐고 다니는 도시 사람들은 대할 수가 없었다. 하지만 가장 큰 시련은 일요일 마다 옷을 차려입고 미사를 지내러 가야 했을 때였다. 거기서 나는 그로부터 몇 년이 지나도록 생각만 해도 피가 상한 우유처럼 엉겨붙는 것 같은 사고를 겪었다. 그것은 두번째로 교회를 찾아간 때였다.

—

 그로부터 얼마 전에 나는 사람이 일 년에 한 번만 방문하는, 통행이 어려운 산에 있던 오래된 교회에 하룻밤 동안 묻힌 적이 있었는데 그것은 끔찍한 경험이었지만 이것은 더욱 끔찍했다. 그 교회에는 시내의 부유한 부인이 있었다. 그 부인은 좋은 사람이었지만 잘난척을 했고, 항상 아름답게 화장을 하고 뒤가 어마무시하게 끌리는 드레스에 수행인들을 데리고 교회에 왔다. 어떤 일요일 나는 막 종탑에서 종을 울리는 일을 마치고 아랫층으로 뛰어내려왔는데, 그 때 이 대단한 부인이 치마를 끌며 지나가고 있었고 내가 그 치맛자락으로 뛰어내린 것이다. 그 치맛자락은 마치 막 들어온 신병들이 조총을 일제사격하는 것 같은 요란한 소리를 내며 찢어졌다. 나의 아버지는 분노로 얼굴색이 변했다. 아버지는 나의 뺨을 가볍게 때렸는데, 이것은 아버지가 유일하게 나에게 내린 체벌이었지만 아직까지도 느껴지는 것 같다. 그에 이어진 부끄러움과 당황스러움은 말로 설명할 수 없다. 나는 다른 무슨 일이 벌어져 내가 지역사회에서의 평판을 회복하기 전까지 사실상 외면당했었다. 한 진취력있는 젊은 상인이 소방대를 구성했드랬다. 새 소방차를 사사들이고, 유니폼을 맞췄으며 남자들은 소방업무와 가두행진을 위해 훈련했다. 실상 그 소방차는 16명의 사람이 조작하는 펌프였고 빨간색과 검정색으로 아름답게 칠해져 있었다. 어느 오후, 공식적인 시범이 준비되었고 기계는 강가로 옮겨졌다. 동네 사람 전체가 이 대단한 광경을 지켜보기 위해 모여들었다. 모든 연설과 의식이 끝나고 나서 드디어 펌프질을 하도록 명령이 내려졌는데, 분사구 끝에서는 물 한 방울도 나오지 않았다. 교수들과 전문가들이 나섰지만 문제점을 찾지 못했다.

내가 그 상황에 도착했을 때 실패는 명백해 보였다. 그 기계 구조에 대한 나의 지식은 전무했고 공기 압력에 대한 것은 아무것도 몰랐지만 나는 본능적으로 물 안에 잠긴 흡입 호스를 손으로 찾았고 그것이 무너져 있는 것을 발견했다. 내가 물 속을 헤치며 들어가 그것을 열자, 물이 뿜어져 나오기 시작했고 덕분에 잘차려 입은 사람들의 옷 한두 벌을 망쳐 버렸다. 아르키메데스가 시라쿠스의 거리를 나체로 뛰어다니며 큰 소리로 유레카를 외친 일은 내가 남긴 인상에 비할 것도 아니었다. 사람들은 나를 어깨에 목마 태웠고 나는 그날의 영웅이 되었다.

도시에 정착고서는 나는 사립 중등학교나 레알 김나지움에 가는 준비를 위해 소위 일반 학교에서의 4년제 교육과정을 밟았다. 이 시기 동안 나의 철없는 아이 같은 노력과 공적, 그리고 물론 사건 사고도 계속되었다. 다른 것보다 내가 가장 뛰어났던 부분은 까마귀 잡이였다. 내 방식은 극도로 단순한 것이었다. 일단 숲으로 가서 까마귀 소리를 냈다. 그러면 대개 까마귀들이 대답을 하고는 얼마 지나지 않아 까마귀 한마리가 내 근처 덤불로 날아 들어왔다. 그러면 내가 할 일이라고는 판지 조각을 던져 그것의 관심을 끈 후, 까마귀가 덤불에서 탈출하기 전에 뛰어들어 그 새를 움켜쥐는 일만 남았던 것이다. 이런 방법으로 나는 내가 원하는 만큼 까마귀를 잡을 수 있었다. 하지만 한 사건에서 나는 그 새들을 존경하게 되었다. 나는 까마귀 두마리를 잡아 친구와 함께 집으로 돌아가는 길이었다.

우리가 숲을 나서자 까마귀 수천마리가 모여서는 무서운 소리를 내기 시작한 것이다. 몇 분만에 까마귀떼는 우리를 쫓아와 덮어버렸다. 재미는 갑자기 내 뒷통수를 뭔가가 후드려 패 내가 쓰러질 때까지만 이었다. 그러자 까마귀들은 나를 무섭게 공격하기 시작했다. 나는 어쩔 수 없이 잡았던 두마리를 풀어줄 수밖에 없었고 동굴로 피신한 친구와 다시 만난 것을 다행으로 여겼다. 교실 중에는 기계 모델이 몇 개 있었고 나는 이것들에 관심을 가지기 시작해 수력 터어빈에 관심을 돌렸다. 나는 수력 터어빈을 많이 만들었고 이것들을 작동시키는 데서 큰 즐거움을 느꼈다. 내 삶이 얼마나 희한한지는 한 사건에서 설명될 수 있을 것이다. 내 삼촌은 이런 짓거리에는 관심이 없었고 나를 여러번 꾸짖었다. 나는 전에 숙독한 적 있는 나이아가라 폭포의 묘사에 매혹되었고 머리 속으로 폭포에 돌아가는 거대한 물레가 돌아가는 것을 상상하곤 했다. 나는 삼촌에게 미국에 가서 이렇게 할 것이라는 계획을 말했다. 30년 후 내 아이디어가 실현된 것을 보고 나는 정신세계의 헤아릴 수 없는 미스테리에 경이로워했다.

나는 온갖 교묘한 장치와 기계들을 만들었지만 그 중 최고는 석궁이었다. 그것으로 화살을 쏘면 시야에서 사라질 때까지 날아갔고, 가까이서 쏘면 1인치나 되는 소나무 판자를 꿰뚫을 정도였다. 활을 어찌나 자주 당겼는지 배에 악어가죽같은 굳은 살이 박혔는데, 그래서 그런지 나는 종종 이 운동 덕택에 지금도 자갈까지 소화시킬 수 있는 건지 궁금할 때가 있다. 물론 만약 고대 그리스 경기장이었으면 훌륭한 성적을 냈을 투석기 솜씨도 그냥 넘어갈 수 없다. 이제 내가 이 옛날 무기로 무슨 일을 벌였는지 이야기를 해보려고 한다. 이 이야기는 독자 여러분들의 나에 대한 신뢰도를 가장 시험에 들게하는 이야기일 것이다. 어느 날 나는 삼촌과 함께 강을 따라 산책을 하며 이 투석기를 연습하고 있었다. 해는 저물어 가고 있었고, 송어는 장난을 치며 가끔 물에서부터 튀어올라 먼 바위에 날카롭게 대조되어 반짝거렸다. 어떤 어린 아이라도 이런 유리한 상황을 이용해서 물고기를 돌로 맞췄겠지만, 나는 삼촌에게 아주 세밀한 세부 사항까지 곁들여 가며 내가 무엇을 어떻게 할 것인지 미리 말해주었다. 돌을 던져서 송어가 바위에 부딪혀 반으로 잘리게 할 것이라고. 나는 말 끝나기가 무섭게 이를 해냈다. 삼촌은 거의 혼비백산 겁에 질린 듯이 나를 쳐다보며,

"악마야 물렀거라!"라고 외쳤다.

그 후, 삼촌이 다시 나에게 말을 걸기 까지는 며칠이 더 걸렸다. 다른 기록들은 아무리 대단한 것이라도 이에 비하면 무색해 보일 것이지만 나는 이것으로 안심하고 내 승리의 월계관을 천년은 더 즐길 수 있다고 본다.

3. 나의 후반 시도들: 회전 자계의 발견

Nikola Tesla

—

 10살에 나는 이제 막 만들어지고 설비가 잘 되어있는 학교인 레알 김나지움에 입학하게 되었다. 물리학과에는 전기과와 기계과의 다양한 고전적인 과학 장비들의 모델들이 있었다. 교사들이 가끔 보여주는 실연과 시험들은 내 마음을 사로잡았고 발명에 대한 욕구를 불태우게 함에 틀림없었다. 나는 수학에 있어서도 열성적이었는데, 순식간에 계산을 해내는 것에서 선생님들의 칭찬을 종종 받았다. 이는 흔히 직관적으로 하는 계산이 아니라 숫자와 계산하는 과정을 실제로 하는 것처럼 머리속으로 시각화할 수 있는 나의 능력 덕분이었다. 어느 정도의 난이도 까지는 칠판에 기호를 쓰는 것이나 머릿속으로 떠올리는 것이나 나에게는 똑같았다. 하지만 몇 시간이고 과정에 포함되어 있던 손으로만 그림그리는 일은 너무나도 견딜 수 없이 짜증스러운 일이었다. 이가 특이한 점은 우리 가족 중에 그림을 잘 그리는 사람이 꽤 많았기 때문이다. 아마도 내가 이를 싫어한 이유는 차분한 생각을 좋아해서 이기 때문이었을 것이다. 아무것도 잘 할 줄 모르는 특별히 멍청한 다른 소년들이 없었더라면 나는 아마도 최악의 성적을 거뒀을 것이다. 당시의 교육과정에서 그림이 필수 과정이었던 점을 감안하면 이 모자람은 내 경력을 망칠 심각한 약점이었고 나의 부친은 나를 한 수업에서 다른 수업으로 나를 몰아붙이는 데 큰 고초를 겪었다.

그 학교에서 2학년이 되었을 때 나는 지속적인 기압으로 연속 운동하는 장치를 만드는 것에 심취하게 되었다. 앞서 언급한 소방차 펌프 사건은 나의 어린 상상력에 불을 지폈고, 진공상태가 가진 무한한 가능성의 인상을 남겼다. 이 무한한 원동력을 제어하는 것에 대한 욕구로 미칠 지경이 되었지만 오랜 기간동안 어둠 속을 걷는 것 같았다. 하지만 결국에 나의 시도는 다른 사람은 한 번도 시도하지도 않은 것을 성취할 수 있게 한 발명으로 결정을 맺게 되었다. 베어링 두개위에서 자유롭게 운동하면서 딱 맞는 직사각형의 홈통에 일부 둘러싸인 실린더를 상상해보라. 홈통에서 열린 부분은 파티션으로 막혀있어 이 폐쇄공간 안에 있는 실린더가 밀봉 미끄럼 조인트로써 홈통을 두 공간으로 나눈다. 이 두 공간 중 한 공간이 막혀있다가 완전히 진공상태가 되면 다른 공간이 열리면서 실린더가 영구 회전 운동을 하도록 할것이라고, 최소한 나는 그렇게 생각했다. 나는 나무로 만든 모형을 만들어 엄청나게 신경써서 조립했다. 이것의 한 쪽 끝에 펌프를 연결한 후 실린더가 회전을 하려고 하는 조짐을 보였을 때 나는 기쁨으로 정신을 잃는 것 같았다. 집 꼭대기에서 우산을 가지고 뛰어내린 좋지 못한 착륙들에 대한 기억으로 아직 낙심해 있기는 하지만 기계식 비행은 내가 이루고 싶었던 것들 중에 하나였다.

매일 나는 먼 곳으로 비행하는 상상을 하고는 했지만 어떤 방법으로 할 수 있을 지 이해하지 못했다. 그런데 이제 나는 현실적으로 이것을 이룰 수 있는 수단이 생긴 것이다. 회전하는 장대와 퍼덕이는 날개, 무한한 원동력을 제공하는 진공상태만 있으면 완성되는 비행기구를! 그로부터 나는 머릿속에서 매일 솔로몬 왕에게도 어울렸을만한 안락하고 호화로운 비행기구로 공중 여행을 떠날 수 있었다. 대기압이 실린더의 표면에 직각으로 반응하고 그 조금 실린더가 움직인 것은 빈틈이 있어서 그랬다는 사실은 몇 년이 지난 후에야 알 수 있었다. 이 깨달음은 천천히 다가왔지만 나에게 있어서는 너무나 고통스러운 충격이었다.

레알 김나지움의 과정을 얼마 마치지도 못했을 때 나는 질병, 아니, 질병 무더기로 쓰러졌다. 내 상태는 너무나 급박해져서 의사들도 포기했었다. 이 시기동안 나는 쉼없이 독서하는 것이 허용되었고, 사람들로부터 도외시되고 나에게 작품의 분류와 카탈로그의 준비를 맡긴 공공 도서관에서 책을 구할 수 있었다. 어느 날 나는 한번도 읽어보지 못한 새로운 작품 몇 권을 받았는데, 이 책들에 어찌나 넋이 나갔는지 나는 내 절망적인 상태도 완전히 잊어버렸다. 그것들은 마크 트웨인의 초기 작품들이었다. 이 책들 덕분에 기적적으로 회복할 수 있었던 아니었나 싶다. 25년 후 클레멘스 씨를 만나서 친구가 되었을 때 나는 이 경험에 대해서 이야기했는데 놀랍게도 웃음으로 유명한 그 사람은 눈물을 터뜨렸다.

숙모 중 하나가 살고 있던 크로아시아의 카를슈타트에 있던 고등 레알 김나지움에서 나의 공부는 계속되었다. 숙모는 기품있는 분이었고 많은 전투에 참가한 노병인 대령의 부인이었다. 그 집에서 보낸 3년은 절대로 잊을 수 없다. 어떤 전시 중의 요새도 거기 보다 더 엄격한 규율 아래 있지 않았을 것이다. 나는 마치 카나리아 새 같은 식사를 했다. 모든 음식은 최상의 품질이었고 아주 맛있었지만 천 퍼센트는 부족한 양이었다. 숙모가 자른 햄 한 장은 마치 박엽지 같았다. 대령님이 좀 실한 음식을 내 접시에 올려놓으면 숙모는 그것을 빼앗으며 흥분해서 말했다.

"조심하세요, 니코는 매우 섬세한 아이에요." 나는 아주 왕성한 식욕을 자랑했고 마치 탄탈루스와 같은 시련을 겪었다.

하지만 나는 그 당시와 상황에 견주어 보자면 드물었던 아주 세련되고 예술적인 감각이 넘치는 분위기에서 살았다. 그 집은 지대가 낮았고 내가 얼마나 많은 키니네를 섭취하든 말라리아 열병은 나를 떠날 줄 몰랐다. 가끔 강이 불어서 건물들 안으로 쥐떼들이 몰려들어왔고 그 쥐떼들은 매운 고추 다발까지 모든 것을 먹어치웠다. 그 유해동물은 나에게 있어서는 고마운 기분전환 거리였다. 모든 방법을 동원해서 쥐 숫자를 줄이는 데 한 몫한 덕택에 나는 누구도 그다지 부러워하지 않는 쥐잡이라는 명성을 지역사회에서 얻게 되었다. 하지만 결국 나는 교육과정을 완료하면서 나의 고통 역시 끝이 났고 나는 성숙의 증서를 손에 넣으며 인생의 갈림길에 서게 되었다.

내가 학교에서 보내는 시간동안 나를 성직자로 만들겠다는 부모님의 결의는 한 번도 흔들린 적이 없었다. 성직자가 되는 것은 생각만 해도 끔찍했다. 나는 자주 자신이 직접 발명한 장치로 물리법칙을 시범으로 보여주셨던 기발한 물리학 선생님의 영향에 의해 기계학에 몹시도 관심이 생겼었던 것이다. 그 시범 중에 기억나는 것은 자유롭게 회전할 수 있는 전구 모양 장치로, 은박 코팅이 되어 있었고 정전기를 발생시키는 기계에 연결되면 빠른 속도로 빙글빙글 도는 것이었다. 이러한 신비한 현상을 일으키는 그 선생님의 시범을 보는 데서 내가 이때 경험한 강렬한 느낌은 어찌 적당하게 전달할 수가 없다. 모든 인상은 나의 머릿속에서 천개의 메아리를 만들었다. 나는 이 놀라운 힘에 대해서 더 알고 싶었다. 나는 실험과 조사를 간절하게 원했지만 불가피한 것을 위해 아픈 마음으로 그 길에서 물러났다.

집으로 향하는 먼길을 떠나기 위해서 준비를 하고 있을 때, 나는 아버지로부터 내가 사냥 여행을 떠났으면 하는 전갈을 받았다. 이것은 이상한 제안이었던 것이, 아버지는 항상 그런 종류의 스포츠를 완강하게 반대 하셨기 때문이다. 하지만 며칠 후 나는 그 지역에 콜레라가 맹렬하게 돌고 있다는 것을 알게 되었고 이를 기회삼아 부모님의 제안을 무시하여 고스픽으로 돌아 갔다. 우리 나라를 15 에서 20년 마다 덮치는 이 재앙에 대해서 사람들이 얼마나 무지했는 지는 놀라운 일이다. 사람들은 이 치명적인 병원체가 공기에 의해서 전달된다고 생각해서 코를 찌르는 냄새와 연기로 공기를 채웠다.

그러면서 사람들은 오염된 물을 마시고 우르르 죽어 나갔다. 나는 집에 도착한 날 바로 이 지독한 병에 감염되었고 이 위기를 극복했지만 9개월 간은 움직일 수가 없어서 침대에 처박혀 있었다. 기운은 완전히 쭉 빠져버렸고 인생 두번째로 죽음의 문가를 서성이게 되었다. 이제 마지막이구나 하고 생각했던 쇠약한 순간들 중 한 번은 아버지가 문을 박차고 들어왔었다. 나는 지금도 나를 북돋아 주려고 하시던 아버지의 자신감이 거짓임을 보여주는 그 창백한 얼굴이 보인다.

"혹시라도 제가 공학을 배울 수 있게 해주신다면 나을지도 모를 것 같아요." 라고 나는 말했다. "너를 세상에서 가장 좋은 과학 기술 학교에 보내주마." 라고 아버지는 엄숙하게 대답하셨다.

나는 이 때 아버지가 진심인 것을 알았다. 가슴에 얹혀있던 무거운 것이 사라진 기분이었지만 이상한 콩으로 만든 쓴 탕약에 의한 경이로운 치료가 아니었다면 이 안도는 너무 늦은 것이었을 수도 있었을 것이다. 나는 모두를 완전히 놀라게 하며 제 2의 라자루스처럼 다시 부활했다.

아버지는 나에게 1년 동안 야외에서 건강에 좋은 신체 운동을 할 것을 역설했고 나는 이를 마지못해 받아들였다. 이 기간 동안 나는 사냥복을 입고 책을 싸들고 다니며 산을 돌아다녔다. 이 자연과의 만남은 나의 신체와 정신을 튼튼하게 만들어 주었다. 나는 사색하고 계획을 짰고, 대체적으로 망상에 가까운 많은 아이디어를 얻었다. 나의 미래상은 충분히 뚜렷했지만 그 법칙에 대한 지식이 너무 한정적이었다.

나는 해저튜브를 통해 수압을 버틸 수 있을 만큼 강도가 높게 만들어진 동그란 용기에 편지와 소포를 담아 바다와 바다 사이에 이것들을 주고 받게 하는 발명 아이디어를 냈다. 이 튜브 안의 물을 움직이도록하는 펌프질 설비는 오차없이 생각해내고 구상되었고, 모든 다른 특이점들도 정밀하게 계산해냈다. 그리고 딱 한 가지, 아무 의미도 없는 사소한 세부사항을 가볍게 무시했다. 나는 무작위로 물의 속도를 가정했는데, 완벽한 계산에 기대어 어마어마한 성과를 보여주기 위해 재미로 그 속도를 높게 잡았다. 하지만 차후 액체 유동성과 파이프의 마찰력에 대해 반추해 보고는 이 발명을 공공자산으로 만들기로 결정했다.

내 프로젝트들 중 하나는 적도에 큰 고리를 건설하되, 당연히 이것은 자유롭게 부유하고 회전중 반작용으로 회전을 멈출 수 있도록 하여 기차로는 절대 할 수 없는 시속 천마일의 여행을 가능하게 하는 것이었다. 독자 여러분은 지금 미소를 짓고 있을 것이다. 이 계획은 실행이 어려웠다는 점을 인정하겠다. 하지만 이것은 잘 알려진 뉴욕의 교수가 열대에서 온대 지방으로 공기를 펌프질하겠다는, 신이 바로 이 목적을 위해 거대한 기계를 이미 제공해 주셨다는 사실을 완전히 까먹은 아이디어만큼 나쁜 아이디어는 아니다.

더 중요하고 더 매력적인 또 다른 계획은 지구의 회전력에서 동력을 끌어내는 것이었다. 나는 지구의 자전에 의해서 지구 표면에 있는 물체들은 직선 운동 방향에 대하여 작용과 반작용에 의해 움직여 진다는 것을 깨달았다. 이로써 가속도에 큰 변화가 생기는데, 이 가속도를 이용하여 가장 간단한 방법으로써 인간이 살 수 있는 어떤 지역에라도 원동력을 제공할 수 있을 것이었다. 내가 나중에 아르키메데스가 고정된 지점을 찾기 위해 한 헛된 노력의 고충을 나 역시 겪고 있는 것을 깨달았을 때, 나의 실망은 말로 할 수 없었다.

–

 방학이 끝나고 나는 가장 오래되고 명망있는 학교 중에 하나로 아버지가 고른 오스트리아 그라츠에 있는 폴리텍 대학교에 보내졌다. 그것은 내가 너무나도 기다렸던 순간이었으며 나는 좋은 원조 아래 공부를 시작했고 성공하겠노라고 굳건히 마음을 먹었다. 아버지의 가르침과 기회 덕분에 나의 과거의 훈련들은 평균 이상이었다. 나는 다양한 언어를 구사할 수 있었고 여러 도서관의 책들을 헤집고 다니며 그럭저럭 쓸모 있는 지식들을 얻었드랬다. 하지만 인생 처음으로 나는 내가 원하는 과목들만 골라서 공부할 수 있었고 손그림은 더 이상 나를 괴롭히지 않게 되었다. 나는 부모님을 놀라게 할 작정을 했고 1학년 내내 일요일이나 공휴일도 빠짐없이 규칙적으로 새벽 3시에 일어나서 저녁 11시까지 공부했다. 대부분의 동기들은 쉬엄쉬엄했기 때문에 나는 자연스럽게 성적에서 뛰어나게 눈에 띄기 시작했다. 그 1년 동안 나는 시험 9개를 쳤고 교수님들은 내가 가장 좋은 성적을 당연히 받아야 한다고 여겼다.

다. 어깨가 저절로 으쓱하게 되는 성적표로 무장하고, 당연히 승전보를 기대하며 나는 잠시 쉬기 위해 고향집으로 되돌아 갔다. 그러나 나는 아버지가 나의 어렵게 거둔 영광을 별 것 아닌 것처럼 여기자 매우 당황하고 실망했다. 그 일은 나의 야망을 거의 죽일 뻔하였다. 하지만 그 후 아버지가 돌아가신 다음 나는 아버지가 모아둔 교수님들로 받은 편지를 보고는 마음이 아팠다. 그 편지에는 교수님들이 하나같이 아버지가 나를 집으로 데려가지 않으면 내가과로로 죽을 지도 모른다는 내용이 담겨있었다.

그 후로 나는 주로 물리학과, 기계학, 수학에 주로 열중하였고 그외에는 도서관에서 편하게 시간을 보내었다. 나는 뭐든 시작하면 끝내야 하는, 나를 자주 살기 어렵게 만드는 진정한 집착증이 있다. 한 번은 볼테르의 책의 읽게 되었는 데 그 때 경악스럽게도 그 괴물이 하루에 커피 72잔 씩 마셔가며 쓴 깨알 같은 글씨로 된 100권이 되는 책이 있다는 사실을 알게 되었다. 나는 그 책들을 다 읽어야 했지만 마지막 책을 내려 놓았을 때는 매우 만족스러웠다. 그리고 나는 말했다. "두번 다시는!"

대학에서 나의 첫 해는 다수의 교수들로부터 환영과 우정을 얻는 수확을 거두었다. 그들은 각각 산수와 기하학을 가르쳤던 로그너 교수와, 이론 물리학과 실험 물리학에서 학과장이었던 포에슐 교수, 그리고 적분학을 가르치고 미분 방정식을 전문으로 했던 알레 박사가 있었다. 알레 박사는 내가 청강한 적 있는 모든 강의 중 가장 뛰어난 강사였다. 그는 나의 진전에 특별히 관심을 가졌고 종종 수업이 마친 후 한시간이고 두시간이고 강의실에 남아 나에겐 너무나도 즐겁게도 내가 풀 문제를 내어주고는 했다. 그에게 나는 내가 생각한 비행기구를, 망상에 의한 발명이 아니라 제대로 된 과학 법칙에 근거하고 내가 만든 터빈을 통해 현실화 가능하고 곧 전세계에 나눠질 그 비행기구에 대해서 설명했다. 로그너 교수와 포에슐 교수 모두 호기심이 많은 사람들이었다. 로그너 교수는 자신을 표현하는데 좀 특이한 점이 있었고 그 때문에 난리법썩이 지나고 난 후에는 길고 민망한 침묵이 이어졌다. 포에슐 교수는 체계적이고 온전히 현실적인 독일인이었다. 그는 마치 곰발바닥같은 거대한 손과 발을 가졌지만 그가 진행하는 모든 실험은 마치 시계장치와 같은 정밀함으로 한 번의 실수 없이 아주 능숙하게 시행되었다.

 내가 공부를 시작한지 두번째 해가 되던 때, 코팅이 된 말굽 모양의 장자석과 전환기에 전선으로 감은 골조가 있는 그람식 발전기를 프랑스 파리에서부터 받았다. 그것을 전원에 연결한 후 전류의 다양한 효과가 시연되었다. 포에슐 교수가 이것을 모터로 사용하여 시연하는 도중에 브러쉬가 불꽃을 일으키며 문제가 발생했는데 나는 그 브러쉬가 없어도 모터로 돌리는 데는 문제가 없다고 보았다. 하지만 교수님은 그렇게는 할 수 없다고 말하며, 나는 그 주제에 대해 장황한 강연을 받는 영광을 누렸다. 그리고 교수님은 강연을 이렇게 마무리 하셨다.

"테슬라 군은 굉장한 일들을 미래에 해낼 수 있을 것이지만 이것은 절대로 할 수 없을 것이네. 이것은 마치 지속적으로 잡아당기는 힘, 예를 들자면 중력 같은 것을 회전력으로 바꾸는 것과 같은 일이라네. 마치 영구 운동 장치를 만드는 것과 같은 계획이지. 불가능한 일이야."

하지만 본능은 지식을 뛰어넘는 그런 것이다. 확신컨대, 논리적인 추론과 다른 뇌의 고집센 노력이 아무래도 통하지 않을 때 우리에게는 진실을 볼 수 있게 해주는 섬세한 뇌섬유가 있는 것이 확실하다. 잠시 나는 교수님의 권위에 눌려 마음이 흔들렸지만 곧 내가 옳다는 것을 믿고 젊음의 끝없는 불과 같은 자신감으로 그 임무에 착수했다.

나는 우선 직접 전류가 흐르는 기계와 그것이 작동되어 골조를 따라 흐르는 전류를 상상했다. 그리고 나는 교류발전기를 상상해내어 그와 비슷하게 진행되는 과정을 관찰했다. 그 다음 나는 모터와 발전기를 구성하는 시스템을 시각화 하여 다양한 방식으로 이를 구동했다. 내가 본 이미지들은 완벽하게 현실적이고 실존하는 것들이었다. 그라츠에서 보낸 나머지 학기들은 이와 같이 열정적이지만 성과없이 지나갔고 나는 이 문제는 풀 수 없는 것이라며 결론을 내릴 뻔하였다.

1880년에 나는 아버지 유언에 따라 보헤미아의 프라하에 있는 대학교에서 교육과정을 마치기 위해 갔다. 이 도시에서 나는 확실한 진전을 이뤘는데, 그것은 전환기를 기계에서 분리하여 현상을 새로운 시야에서 연구하는 것있다. 하지만 그 역시 어떤 성과도 없었다. 프라하에 도착한 후로부터 다음 해는 내 인생의 시야를 급격하게 바꾸는 변화가 있었다. 나는 나의 부모님이 나를 위해 너무 많은 희생을 했고 나는 그분들의 짐을 덜어주기로 마음 먹었다. 미국에서부터 들어온 전화기는 이제 막 유럽 대륙에 퍼지기 시작했고 전화 시스템이 헝가리의 부다페스트에 설치되기로 계획된 것이다. 우리 가족의 친구들은 이 사업의 대표로 있었기 때문에 이는 더더욱 이상적인 기회로 보였다. 앞서 언급한 완전한 신경쇠약은 이 때 여기서 있었던 일이다.

내가 이 병을 겪는 동안 경험한 일들은 믿을 수 없는 것들 뿐이다. 나는 항상 시력과 청력이 뛰어났다. 나는 다른 사람들이 흔적도 볼 수 없는 멀리 떨어져 있는 물체들을 똑똑하게 판별할 수 있었다. 내가 어렸을 때 나는 아무도 자는 동안 듣지 못한 아주 미세하게 불이 타는 소리를 듣고 도움을 요청하여 우리 이웃집들을 몇 번이나 구했다. 1899년 내가 40살이 넘은 때 콜로라도에서 실험을 하고 있을 때 550마일이나 떨어진 곳에서 난 천둥 소리를 아주 뚜렷하게 들을 수 있었다. 나의 젊은 보조가 들을 수 있는 거리는 150마일 조금 넘은 정도였다. 즉 나의 귀는 그보다 13배는 더 예민했던 것이다. 하지만 내가 평소 들을 수 있는 것은 신경쇠약에 걸린 당시에 비하면 완전 귀머거리가 된 것이나 다름이 없다.

부다페스트에 있을 때 나는 방 3개 너머에 있는 시계의 초침 소리도 들을 수 있었다. 방 안의 테이블 위를 날아다니는 파리는 귀에서 둔하게 쿵쾅거렸다. 20에서 30마일 떨어진 기관차가 내는 경적 소리는 내가 앉아 있는 벤치나 의자를 너무나도 심하게 흔들리게 하여 나는 그 고통을 견딜 수 없을 지경이었다. 발 밑의 땅은 끊임없이 진동했다. 나는 침대를 고무 쿠션으로 받쳐야만 겨우 잠을 청할 수 있었다. 내 귀에는 직접 말하는 것 처럼 들리는 먼 곳에서든 가까이에서든 발생한 갑작스러운 소음은 내가 이들의 돌발적인 요소에 서서히 적응하지 않으면 나는 매우 겁에 질렸을 것이다.

주기적으로 햇빛이 차단되면 나는 뇌에 큰 충격을 받아 마비상태에 들어갔다. 나는 다리 밑이나 다른 구조물을 지나 갈 때마다 머리뼈에 짓누르는 듯한 압박을 느꼈기 때문에 온힘을 다해 버텨야 했다. 어둠 속에서 나는 박쥐와 같은 감각을 가지게 되었고 이마에 이상하고 기분나쁜 감각을 받는 것을 통해 12피트 안에 있는 물체의 위치를 감지할 수 있었다. 내 맥박은 아주 약하게 뛰거나 분당 260번 뛸 때도 있었고, 아마도 가장 버티기 힘들었던 것은 내 몸의 모든 조직들이 움찔거리고 진동하며 부들부들 떨리는 것이었다. 나에게 매일 칼륨 진정제를 주던 유명한 의사는 내 병은 특이한 것이고 고칠 수 없는 것이라 진단내렸다.

당시 생리학이나 심리학 전문가에게 관찰을 받지 않은 것은 나의 영원한 후회이다. 나는 삶에 필사적으로 매달렸지만 절대로 회복할 수 있을 것이라고 예상하지 못했다. 신체적으로 그렇게 망가진 사람이 놀라운 힘과 집념을 가지고 거의 하루도 빠짐없이 38년간 일하면서도 여전히 심신이 강인하고 활기차다고 느끼는 사람으로 변할 수 있다고 누가 믿을 수 있겠는가? 그것이 나의 경우이다. 살아가고 일을 하고 싶다는 강렬한 열망과 헌신적인 친구이자 운동선수가 바로 그 기적을 실현시켰다. 나의 건강이 돌아오자 마음의 활기도 돌아왔다. 문제를 공격하자 다시 나는 그 분투가 너무 빨리 끝난 것이 아쉬운 마음이 들었다. 나는 너무나 많은 에너지가 남아

돌았다. 어떤 임무가 나에게 주어지면 나는 남들이 갖는 정도의 집념을 가진 것이 아니다. 나에게 있어서는 이는 성스러운 맹세이자 생사를 가르는 문제가 되는 것이다. 나는 내가 실패하면 소멸될 것이라는 것을 알았다. 그제야 나는 투쟁에서 이긴 것을 느꼈다. 뇌의 깊은 구석에는 답이 있었는데 나는 이것을 아직 밖으로 표현할 수 없었다. 아직도 기억에 생생한 어느 오후, 나는 시립 공원에서 친구와 산책을 즐기며 시를 읊고 있었다. 당시 나는 책 전체를 단어 하나 하나 다 외우고 있었다. 그 중 하나는 괴테의 "파우스트"였다. 그 때 해가 지고 있었고 그 해에서 나는 다음과 같은 눈부신 구절이 생각났다.

"Sie ruckt und weicht, der Tag ist uberlebt,
Dort eilt sie hin und fordert neues Leben.
Oh, dass kein Flugel mich vom Boden hebt
Ihr nach und immer nach zu streben!
Ein schoner Traum indessen sie entweicht,
Ach, zu des Geistes Flugeln wird so leicht
Kein korperlicher Flugel sich gesellen!"

(빛은 물러나고, 오늘의 고통은 여기까지,

먼 곳으로 서두르며, 삶의 새로운 장을 찾는다.

아, 나에게는 이 땅을 박차오를 날개가 없어,

그의 길을 따라, 따라 날을 수가 없네!

영광된 꿈이여! 그러나 영광은 이제 사라져.

아아! 영혼의 날개는 너무나 가벼운데

나에게는 그를 따를 실체의 날개가 없네.)

 내가 이 고무적인 구절을 읊자마자 마치 번개처럼 아이디어가 머리를 스치고 지나갔고 순간적으로 내 눈앞에 진실이 펼쳐졌다. 나는 그 후로 부터 6년 후 미국 전기 공학자 협회의 발표에서 보인 적 있는 도표를 모래 위에 막대기로 그려냈고 내 친구는 바로 이를 완벽하게 이해했다. 내가 본 이미지는 완벽하게 명확하고 뚜렷했고 마치 금속과 바위같은 견고함을 가졌었다. 얼마나 이게 확실했냐면 나는 내 친구에게 이렇게 말했다. "내 모터를 봐. 내가 이걸 뒤집는 걸 봐." 나는 내 감정을 어떻게 설명해야 할 지 모르겠다. 자신의 조각이 살아 움직이는 것을 본 피그말리온도 나보다 더 감동받지는 못했을 것이다. 나는 온갖 악조건과 내 존재 자체의 위기 상황에도 불구하고 싸워서 얻은 그 깨달음을 위해서라면 우연히 얻어걸린 자연의 비밀 수천 개도 필요없다.

4. 테슬라 코일의 발견과 변압기

Nikola Tesla

–

한동안 나는 기계들을 상상하고 새로운 형태를 창안하는 즐거움에 완전히 빠져있었다. 그것은 내 삶에서 아는 한 가장 완전히 행복한 정신상태였다. 쉼없이 아이디어가 떠올랐고 유일한 어려움은 그것들을 따라잡는 일이었다. 생각해내는 장치 하나하나 나에게는 아주 작은 자국과 사용한 흔적같은 모든 작은 세부사항까지 절대적으로 진짜이고 실재하는 것들이었다. 이렇게 마음 속의 눈으로 보는 것이 나에게는 더 매혹적인 광경이었기 때문에 나는 모터가 계속 돌아가는 상상을 하며 즐거워했다. 자연스러운 성향이 열정적인 열망으로 발전되었을 때 그 사람은 목적까지 축지법으로 다가가게 되는 법이다. 2개월도 채 되지 않아 나는 지금은 내 이름으로 불리는 거의 모든 타입의 모터와 모터 시스템의 수정사

항들을 개발해냈다. 이러한 소모적인 정신 활동에 존재의 필요성에 의해 잠깐의 중단이 온 것은 아마도 천우신조였을 것이다. 나는 전화 사업에 관련한 예상보다 이른 보고에 유발되어 부다페스트로 오게 되었고, 운명의 역설이 원한 것 마냥 그 금액을 밝히지 않아도 되는 것이 다행일 정도의 월급이 제시된 헝가리 정부의 중앙 전화국에서의 기초제도인의 자리를 받아들일 수밖에 없었다!

 다행히도 나는 곧 조사관장의 관심을 사게 되어 그 후로부터 전화 교환국이 시작될 때까지 새 설치에 관한 계산과 디자인, 견적을 하는 일을 맡게 되었고, 그 후에도 그와 같은 일을 담당하게 되었다. 이 일의 과정에서 얻게 된 지식과 실질적인 경험은 가장 가치있는 것들이었고 취직을 하게 된 것은 나의 발명 실력을 연습할 충분한 기회를 주었다. 나는 중앙 기관 기구에서 몇가지 개선을 할 수 있었고 한 번도 특허가 나거나 공적으로 발표되지 않았지만 지금까지도 나의 업적이라고 할 수 있는 전화 중계기 혹은 증폭기의 완성을 해냈다. 나의 효율적인 보조를 치하하기 위해서 사업의 조직 위원이었던 푸스카스 씨는 부다페스트에서 일을 그만둔 후 나에게 파리에서 일자리를 제안했고 나는 이를 반가이 받아들였다. 나는 그 마법과 같은 도시가 나의 머리에 남긴 깊은 인상을 잊을 수가 없다. 파리에 도착한 후 나는 새로운 광경에 완전히 넋이 나가서 며칠간은 거리를 쏘다녔다. 명소는 너무나도 많으면서 거부할 수 없었지만, 안타깝게도 나의 월급은 들어오는 족족 나갔다. 푸스카스 씨가 새로운 환경에 어떻게 적응하고 있는지 물었을 때 나는 나의 상황을 다음과 같은 말로 정확하게 표현했다.

"월초는 괜찮은데 나머지 29일간은 제일 힘드네요!"

나는 지금이라면 "루즈벨트식" 이라고 불릴 만한 힘든 삶을 보냈다. 어떤 날씨이건 상관없이 모든 아침에 나는 내가 살던 생마르셀 거리에서부터 센느에 있는 수영장으로 가 물에 들어가 서킷을 27번 돌았다. 그 후에는 회사의 공장이 있는 이브리까지 한 시간 동안 걸어갔다. 거기서 나는 나무꾼이 먹을 것같은 아침을 7시 30분에 먹고는 에디슨의 가까운 친구이자 보조였던 회사의 매니저, 찰스 바첼러 씨와 어려운 일들을 하며 점심시간까지 목이 빠져라 기다렸다. 여기에서 나는 몇몇 미국인들과 접점이 생겼는데 그들은 내 당구 실력 때문에 상당히 나와 사랑에 빠져있었다. 이들에게 나는 내 발명품들을 설명했고 그 중에 하나인 기계과의 감독이었던 더 커닝햄 씨가 주식회사를 차리자고 제안했다.

나에게 그 제안은 극단적으로 우스운 것이었다. 나는 그것이 미국인들이 하는 흔한 행동이 아니면 무슨 의미인지 조금의 관념조차 없었다. 하지만 거기서 뭔가 더 나아가지는 않았고 나는 그 다음 몇개월 간 발전소에서 얻은 직업병을 고치기 위해 프랑스와 독일의 곳곳을 돌아다녀야 했다. 파리로 돌아 와서 나는 회사의 관리자인 라우 씨에게 발전기 개선 계획을 제출했고 이를 시행할 기회를 얻었다. 계획은 성공적이었고 이를 반긴 감독들은 나에게 많은 이들이 원했던 자동 조절장치를 개발할 수 있는 특혜를 받게 되었다.

 이로부터 얼마 지나지 않아 알사스의 스트라스부르스에 새로 지어진 기차역에 설치된 조명용 배전소에서 문제가 발생했다. 배선에 결함이 있었고, 개회식의 한 순간 노년의 빌헬름 1세 황제의 눈 앞에서 벽의 큰 부분이 합선에 의해 폭발한 것이다. 독일 정부는 배전소를 인수하기를 거부했고 그 프랑스 회사는 심각한 손해를 감수해야할 상황에 이르렀다. 나는 나의 독일어 지식과 과거 경험에 비추어 보아 이 문제를 해결해야 하는 어려운 임무를 맡게 되었고 1883년 초, 나는 그 임무를 위해 스트라스부르그로 떠나게 되었다. 그 도시에서 있었던 일들 중 일부는 내 기억속에 잊혀지지 않을 기록을 남겼다. 희한하게도 나중에 유명세를 타게 된 몇몇 사람들이 나와 비슷한 시기에 스트라스부르그에서 살았다. 그 후 나는 이렇게 말하고는 했다.

"그 동네에는 대단해지는 병균이 돌아. 남들은 다 걸렸는데 나만 안 걸렸지!"

직업과 서신 왕래와 회의에 밤낮으로 치이기는 했지만 나는 상황이 정리되자마자 그 기차역의 반대편에 있는 정비소에서 이미 파리에서 부터 이런 목적으로 가져온 재료들로 간단한 모터를 만들기 시작했다. 하지만 이 실험의 완성은 그 해 여름까지 연기 되었는데 이 때 나는 드디어 내가 몇 년 전부터 생각한 대로 미끄러지는 연결점이나 전환기 없이도 각각 다른 주기의 전류를 보냄으로써 회전하는 것을 보는 만족감을 얻었다. 이것은 매우 강렬한 즐거움이었지만 첫번째 발견에서 받은 혼미할 정도의 쾌감에 비하면 아무것도 아니었다.

새로 사귄 친구들 중에는 전직 시장이었던 바우진 씨가 있었는데 그에게는 이미 방금 말한 모터와 나의 다른 발명품들을 소개한 적이 있다. 그는 나를 상당히 후원해 주었는데 그것을 지금 나열해보고자 한다. 그는 나에게 진정으로 헌신적이었고 다수의 부유한 사람들에게 나의 프로젝트들을 선보였지만 부끄럽게도 그들로 부터 아무런 대답도 듣지 못하였다. 그는 나를 어떤 형태로든 돕고 싶어했고 1919년 6월 1일이 되니 나는 그 호감가는 사람이 나에게 베푼, 경제적인 것은 아니었지만 그렇다고 해서 덜 고마운 것도 아니었던, 어떤 형태의 "도움"이 생각난다. 1870년 독일이 알사스를 점령했을 때 바우진 씨는 상당한 크기의 1801년 산 생테스테프 와인을 땅에 묻었고, 그는 나 보다 더 그 소중한 음료를 마실 사람은 없다고 결론지었다. 이것이 바로 내가 앞서 말한 기억에서 지울 수 없는 사건들 중 하나이다. 내 친구는 가능한 한 빨리 파리로 돌아가라고 하였고 거기서 원조를 구하라고 하였다. 나는 이것을 하기에는 너무 불안했지만 내 일과 협상들은 사소한 장해물 때문에 막혀 장기간 지연되고 있었으므로 그 때 당시 상황은 절망적으로 보였다.

얼마나 독일인들이 철두철미하고 "효율적"인지 보여주기 위해서 하나 재미있는 이야기를 해볼까 한다. 복도에 16 촉광 짜리 백열램프를 달아야 했는데 적당한 위치를 정한 다음에 나는 작업공에게 전선을 이으라고 했다. 잠시 이것을 가지고 일을 하더니 작업공이 기사를 불러야 할 것 같다고 해서 나는 전기 기사를 불렀다. 기사는 나의 결정에 여러번 반대를 했지만 결국에는 내가 정한 위치에서부터 2인치 정도 떨어진 지점에 램프를 설치하기로 합의를 보고 작업을 시작했다. 그리고는 기사는 걱정을 하기 시작하더니 에이버덱 감시관에게 알려야 한다고 말했다. 그 중요하신 분은 전화를 해서 점검을 하고, 논의를 한 다음에 램프가 뒤로 2인치 되는 자리, 즉, 내가 맨 처음 표시해 놓은 자리로 옮겨져야 한다고 결론지었다. 하지만 그로부터 얼마 지나지 않아 에이버덱은 긴장하여 그의 상부 감독관인 히에로니무스에게 이 상황을 알렸다고 말해주었으므로 그의 결정을 기다려야 할 것이라고 말했다. 상부 감독관이 다른 바쁜 일에서부터 벗어나 나의 일을 살필 수 있게 된 것은 그로부터 며칠이 지난 후였지만 결국에 그는 우리집에 왔고 2시간동안 토론을 한 후 램프를 2인치 더 멀리 이동시켜야 한다고 결론 지었다. 이것이 마지막이려니 했던 나의 희망은 그 상부 감독관이 다시 돌아와서 다음과 같이 말했을 때 산산히 깨졌다.

"통치의원 풍케 씨는 매우 까다로워서 그의 명백한 허락 없이는 이 램프를 설치하는 명령을 허용할 수 없을 것 같습니다."

그리하여 그 대단하신 분의 방문 약속이 잡혔다. 우리는 아침부터 집을 반짝반짝하게 쓸고 닦았다. 모든 사람들이 용모를 단정하게 하고 나는 장갑을 꼈다. 풍케 씨가 수행원을 데리고 집에 도착했을 때 그는 아주 격식을 갖춰 환영받았다. 2시간 동안 그와 이야기했을 때 그는 갑자기 소리쳤다. "저 지금 가야합니다." 그리고는 천장에 한 구석을 가리키며 거기에 램프를 달라고 하였다. 그 지점은 정확히 내가 맨 처음 고른 위치였다.

그리하여 매일매일은 큰 변화없이 지나갔지만, 나는 무슨 일이 있든 성과를 내고 싶었고 결국에는 그 노력은 수확을 거두었다. 1884년 봄, 모든 상황들은 정리가 되었고 배전소는 공식적으로 허용이 되어 나는 부푼 기대를 안고 파리로 돌아갈 수 있었다. 집행관 중에 하나가 만약 내가 성공할 경우 상당한 금액으로 보상해줄 것이라고 약속했고 나에게는 그들의 발전기를 상당히 개선한 공이 있다고 봐도 마땅했기 때문에 나는 제법 묵직한 금액을 받을 수 있을 것이라고 희망했다. 거기에는 집행관이 세 명있었는데 편의를 위해 이들을 각각 A, B, C라고 부르겠다. 내가 A에게 연락을 했을 때 A는 B와 이야기하라고 말했다. 그런데 이 분은 C에게만 결정권이 있다고 생각했는데 이 C란 분은 A만이 어떤 결정을 내릴 권한이 있다고 확신했던 것이다.

몇 번이 과정을 뺑뺑이 돌고 나서 드디어 깨달은 것은 나의 보상은 망상이나 다름없는 그림의 떡이었다는 것이었다. 개발을 위한 자본금을 얻기 위한 나의 시도가 완전한 실패로 끝난 것은 실망스러웠다. 그런 때 바첼러 씨가 에디슨 장치를 재디자인하러 미국으로 가보라고 재촉하자, 나는 황금의 약속의 땅에서 나의 운을 시험해보고 싶다는 결의가 들었다. 하지만 그 기회는 거의 놓칠 뻔했다. 나는 나의 얼마 되지 않는 재산을 융통화시켰고 숙소를 잡은 후 기차가 막 떠나려 하는 기차역에 서있었다. 그 순간 나는 내 돈과 기차표가 모두 사라진 것을 깨달았다. 어떻게 할지가 문제였다. 헤라클레스는 생각할 시간이 많았지만 나는 멀어지는 기차 옆을 따라 달리며, 축전기의 진동처럼 반대 감정들이 치솟는 뇌와 싸우면서 결정을 내려야했다.

 민첩함에 도움받은 결의로 나는 마지막 순간에 이길 수 있었고 사소한 만큼 불쾌한 흔한 경험들을 겪고 나서야 나는 얼마 남지 않은 나의 소지품들, 내가 쓴 시 몇개와 기사들, 풀 수 없는 적분 문제에서부터 비행기계까지 그들의 해답에 관한 계산식들을 쓴 뭉치 같은 것들을 들고는 뉴욕으로 떠날 수 있었다.

그 여행 중 나는 조금의 안전에 대한 생각도 하지 않은 채 배의 고물에 앉아 물에 빠진 사람을 구할 기회를 노리는 것으로 대부분의 시간을 보냈다. 나중에 실리적인 미국 방식을 좀 흡수하고 난 후에 나는 그 기억에 치를 떨었고 나의 과거 어리석은 행동에 혀를 내둘렀다. 내가 이 나라에 처음 도착해서의 인상을 말로 제대로 표현할 수 있으면 좋겠다. 나는 천일야화에서 어떻게 지니가 사람을 꿈의 나라로 데려가 유쾌한 모험을 하며 살아갈 수 있게 해주는지에 대해 읽었다. 나에게 있어 이것은 정반대였다. 지니는 나를 꿈의 나라에서 현실세계로 데려다 주었다. 내가 떠난 곳은 아름답고, 예술적이며, 모든 면에서 환상적인 곳이었다. 내가 여기서 본 것은 기계화되고, 거칠며, 못생긴 것들 뿐이었다. 우락부락한 경찰관이 통나무 만한 곤봉을 돌리고 있었다. 나는 그에게 다가가 예의 바르게 길 안내를 부탁했다.

그는 "여섯 블록을 내려가, 왼쪽으로 가시오." 라고 죽일 듯이 나를 째려보며 말했다.

"이게 미국인가?" 나는 고통스러운 충격으로 나 자신에게 이렇게 물었다.

"유럽에 비하면 문명이 한 세기는 후퇴한 것 같아."

내가 여기 도착한지 5년이 지났는데, 1889년 유럽으로 잠시 갔을 때 나는 미국이 유럽에 비하면 100년은 넘게 앞서 있다고 확신하게 되었고 그 후로 지금까지 이 의견을 바꿀만한 어떠한 일도 벌어지지 않았다.

–

에디슨과의 만남은 내 인생에서 매우 기억에 남는 일이다. 나는 어렸을 때 혜택이나 과학적 훈련은 하나도 받지 않았으나 너무나 많은 것을 해낸 이 굉장한 남자에게 놀랐다. 나는 열 몇개는 되는 언어를 배웠고 문학과 예술에 심취했었으며 내 인생의 최고의 시간을 뉴턴의 법칙에서 부터 폴드코크의 소설까지 내 손에 떨어지는 온갖 책들을 읽으면서 보냈다. 그리고 그것은 내가 대부분의 인생을 허비한 것 같이 느끼게 만들었다. 하지만 얼마 지나지 않아 나는 그것이 내가 한 일들 중 제일 잘한일이라는 것을 알게 되었다. 몇 주 만에 나는 에디슨의 신뢰를 얻었는데 이는 다음과 같은 과정으로 벌어졌다.

당시 가장 빠른 스팀 보트였던 S.S. 오레곤호의 조명 기계 두개 모두가 고장나서 출항이 연기되고 있었다. 상부구조는 이들의 설치 이후에 만들어진 것이라 따로 분리하는 것은 불가능했다. 심각한 상황이었고 에디슨은 매우 짜증이 나 있었다. 저녁에 나는 필요한 기구들을 챙겨 배에 승선하여 하룻밤을 보냈다. 여러군데 합선이 되고 부려져서 발전기 상태가 매우 안좋았지만 선원들의 도움으로 그것을 좋은 상태로 다시 만드는 데 성공했다. 아침 5시에 5번가를 지나 가게로 가고 있을 때, 나는 집으로 돌아가는 에디슨과 바첼러 씨, 그리고 몇몇 다른 사람들을 만났다.

"여기 한밤중에 돌아다니는 파리인이 있구만." 에디슨이 말했다.

내가 그에게 나는 방금 오레곤 호에서 돌아오는 길이고 두 기계 모두 고쳤다고 말하자 그는 나를 조용히 바라보다가 다른 한 마디 없이 걸어갔다. 하지만 그와 어느 정도 거리가 멀어졌을 때 나는 그가 말하는 것을 들었다.

"바첼러, 그는 진짜 괜찮은 인간이야."

그리고 그 후부터 나는 작업에서 감독함에 있어 온전한 자율권을 얻게 되었다. 1년 정도 동안 나의 일반적인 작업시간은 하루도 빠짐없이 아침 10시 반부터 다음 날 새벽 5시까지 였다. 에디슨이 나에게 말했다.

"나한테는 아주 성실한 보조들이 많이 있지만 자네가 다 이겨먹는 구만."

이 시기동안 나는 짧은 코어와 일정한 패턴을 가진 24개의 서로 다른 표준규격의 기계들을 만들었고 이것들이 옛날 기계들을 대체하게 되었다. 경영자는 나에게 이 임무의 완료시 5만 달러를 주겠다고 약속했지만 이는 장난에 불과했다는 것으로 드러났다. 이는 나에게 아픈 충격을 주었고 나는 그 자리에서 물러났다. 그 직후 몇 사람들이 나에게 내 이름으로 된 아크등 회사를 차리자고 제안해 왔고, 나는 이에 동의했다. 이것이 나에게는 드디어 모터를 개발할 기회 였지만 내가 이 주제를 나의 새 동료들에게 꺼내자마자 그들은 말했다.

"아뇨, 우리가 원하는 것은 아크등입니다. 우리는 당신의 교차 전류에 관해서는 전혀 관심이 없어요."

1886년에 내 아크등 시스템은 완성되었고 공장과 지방자치제에 적용되었다. 그리고 나는 자유의 몸이 되었지만 가상의 가치만을 가진, 아름답게 장식된 주권말고는 가진 것이 없었다. 그 후에는 내가 익숙하지 않은 새로운 수단에 적응하느라 고생한 시기가 따랐지만 결국에는 1887년 4월 보상이 주어지게 되었다. 테슬라 일렉트릭 회사가 구성되어 연구실과 시설이 제공되게 된 것이다. 거기서 내가 만든 모터들은 내가 상상한 그대로였다. 나는 그것을 더 개선하려는 어떠한 시도도 하지 않았지만 내 머릿속에 떠오르는 대로 만들어 냈고 그것들은 언제나 기대한대로 작동했다.

이른 1888년 웨스팅하우스 회사와 모터의 대량생산을 위한 합의가 이뤄졌다. 하지만 가장 어려운 일들은 아직도 남아있었다. 내 시스템은 낮은 주파수를 바탕으로 만들어졌는데 웨스팅하우스의 전문가들은 변환에서 안정적인 유리함을 목적으로 133 사이클을 적용한 것이다. 그들은 그들의 표준 규격 장치를 버리고 싶어하지 않았으므로 나의 노력은 이 상태에 모터를 맞추는 것에 집중되어 있었다. 다른 쪽 해야 하는 것은 전선 두개로 이 주파수에서 효율적으로 도는 모터를 만드는 것이었는데 이것은 쉽지 않았다.

1889년 말, 더이상 나가 피츠버그에서 일할 필요가 없어지자 나는 뉴욕으로 돌아와서 그랜드 가에 있는 연구소에서 실험적인 작업을 계속했다. 거기서 나는 즉시 고주파 기계의 디자인을 시작했다. 나는 다양한 어려움들을 겪어봤지만 이 한번도 탐험되지 않은 영역에서의 구성의 문제는 새롭고 너무나도 이상했다. 나는 유도자 타입이 공명작용에서 너무나도 중요한 완벽한 사인파를 내지 못할 것이라고 겁을 먹어 이것을 사용하는 것을 거부했다. 이러지만 않았다면 나는 너무나도 많은 일을 줄였을 것이다. 고주파 교류 발전기에서 의욕을 좌절시키는 다른 측면은 속도의 불규칙함이었는데 이 때문에 이를 응용함에 있어서 심각한 제한을 가져오는 문제가 있었다. 나는 미국 전기공학사 협회 앞에서의 시연에서 이미 여러 번 조정이 무너져 재조정이 필요함을 눈치챈 적이 있었고 그리고 그후 한참이 지난 다음에야 발견한 것인데, 이런 종류의 기계를 양극단 사이에서 아주 작은 한 번의 회전에만 다를 수 있고 그외에는 항상 같은 속도를 유지하는 지속적인 속도에서 작동시키는 수단을 아직 찾지 못하였다.

다른 측면들을 고려해 보더라도 전기 진동을 위한 더 간단한 장치를 만드는 것이 유리할 것으로 보였다. 1856년 켈빈 경이 콘덴서 방전의 이론을 발견하였지만 그 중요한 지식에 관한 어떠한 실용적인 적용도 없었다. 나는 여기서 가능성을 보고 이 법칙에 따라 유도기를 만드는 일에 착수하였다. 나의 진척은 너무나도 빨라서 1891년에 있은 강연에서는 코일에서부터 5인치나 되는 불꽃이 튀게도 할 수 있었다. 그 때 나는 공학사들에게 솔직하게 전력 변압에서의 문제점을 나의 새로운 방법에 빗대어, 방전 간극 손실이라고 말했다. 그 후 한 어떤 연구에서도 어떤 매체를 사용하던, 예를 들어 공기, 수소, 수은 증기, 기름, 혹은 전자의 흐름이든 상관없이 효율성은 똑같음이 나타났다. 이는 마치 역학 에너지 전환을 통제하는 법칙과 같은 법칙과 매우 유사했다. 어떤 높이에서 추를 떨어뜨리든, 그것의 높낮이를 바꾸기 위해 어떤 이상한 길을 돌아서 내려오든, 운동량은 그와 아무 상관없이 똑같다.

하지만 다행히도, 이 결점은 결정적인 것이 아닌 것이, 공진회로를 적정한 비율로 맞추기만 하면 85퍼센트의 효율성은 확보가 되는 것이다. 나의 앞서 언급한 발명의 발표는 광범위한 이용으로 이어졌고, 많은 부문에 있어서 혁명을 일으켰다. 하지만 여전히 더 대단한 미래가 기다리고 있었다. 1900년에 100 피트나 되는 강력한 방전 효과를 얻고 구를 둘러싸는 전류가 번쩍이도록 하게 했을 때, 나는 처음 그랜드 가의 연구소에서 작은 전기 불꽃을 보고는 마치 회전 자계를 발견했을 때와 비슷한 기분이 든 데서 신났던 기억이 났다.

5. 확대 송신기

Nikola Tesla

–

 과거의 내 삶을 반추하면서 나는 얼마나 우리의 운명을 만드는 영
향들이 미세한지 깨닫게 되었다. 내가 어린 시절에 있었던 일로 이
것은 설명될 수 있을 것이다. 어떤 겨울 날, 나는 다른 남자아이들
과 함께 가파른 산 위를 겨우 올라갔다. 깊은 눈과 남쪽에서부터
불어오는 따스한 바람은 우리의 목적에 딱 적절했다. 우리는 눈뭉
치를 아래로 던지면서 놀았다. 그러면 그 눈뭉치에 눈이 모였는데
우리는 이 신나는 스포츠에서 서로 더 큰 눈덩어리를 만들 수 있도
록 경쟁했다. 갑자기 눈덩어리는 한계선을 넘어서는 것처럼 보이
더니 무지막지한 비율로 불어나서는 집채만해져 무시무시한 소리
를 내면서 계곡 아래로 떨어졌는데 그 때 울리는 소리는 땅을 흔
들리게 할 정도였다. 나는 마법에 걸린 것 처럼 무슨 일이 벌어졌
는지 이해하지 못하고 바라만 봤다. 몇 주동안 눈앞에 그 눈사태의

화면이 지나갔고 나는 그렇게 작은 것이 어떻게 그렇게 커질 수 있는지 궁금해했다. 그 때부터 작은 행위의 확대는 나를 매혹시켰고 몇 년 후 기계와 전기 공진 실험 수업을 듣게 되었을 때 나는 처음부터 열정적으로 관심이 있었다. 아마도 어렸을 때의 그 강렬한 인상이 아니었다면 나는 아마도 코일에서 얻은 작은 불꽃을 더 알아보려고 하지 않고 절대로 내 최고의 발명품이자 여기서 처음으로 밝히는 진짜 역사를 개발하지 못했을 것이다.

"라이언헌터즈"지(誌)는 종종 내가 가장 소중하게 여기는 발견이 무엇인지 물었다. 이는 어떤 시점에서 보느냐에 따라 다르다. 적지 않은, 각자의 전문적인 영역에서 매우 능력있지만 현학적인 정신에 지배당하고 근시안적인 기술자들이 인덕션 모터 외에는 내가 세상에 내놓은 것들은 별로 쓸모가 없는 것들 뿐이라고 주장해왔다. 이것은 매우 통탄할 실수이다. 새로운 아이디어는 그것이 어떻게 바로 사용될 수 있는가로써 판단되어서는 안 된다. 나의 교대식 송신 시스템은 공업에서의 긴급한 문제들에 대한 오랫동안 찾아온 대답으로서 심리적인 순간에 찾아온 것이다. 그리고 상당한 저항을 이겨내고 늘 그렇듯이 상반하는 이해관계들을 화해시켜야 했지만 상업화는 더 이상 미룰 수 없었다. 예를 들어 이제 이 상황을 내 터빈에 닥친 상황에 비교해보자.

누구든 이상적인 모터의 수많은 특색을 포함하고도 그렇게 심플하고 아름다운 발명품은 의심의 여지없이 나오자 마자 채택될 것이라고 생각하고, 아마도 그와 같은 상황이라면 실제로도 그렇게 될 것이다. 하지만 회전 자계의 예상효과는 현존하는 기계들을 무의미하게 만드는 것이 아니다.

오히려 그것들에 가치를 더하는 것이다. 현존하는 시스템 자체도 새로운 사업에 의존함과 동시에 예전 것들의 개선에 의존한다. 반면 내 터빈은 완전히 다른 성격의 진보이다. 그것의 성공이 의미하는 것은 이미 수억 달러를 투자하여 갖춘 오래된 형태의 원동력을 완전히 버리게 되는 것을 말하는 극단적인 벗어남이다. 그런 상황에서 진보는 천천히 이루어질 수밖에 없고 아마도 가장 큰 장해는 조직화된 반대 입장의 전문가들의 머리에서 만들어 진 편견된 의견일 것이다.

바로 그제 나는 친구이자 과거에는 나의 보조였지만 지금은 예일대에서 전기공학과 교수를 하고 있는 찰스 에프 스콧을 만나 낙심하게 되는 경험을 겪었다. 나는 오랫동안 그를 보지 못했기 때문에 나의 사무실에서 그와 대화할 기회가 생긴 것이 매우 반가웠다. 우리의 대화는 자연스럽게도 나의 터빈에 관한 내용으로 흘러가게 되었고 나는 극단적으로 흥분하기 시작했다. 나는 영광스러운 미래상에 정신이 팔려 소리 질렀다.

"스콧, 내 터빈이 모든 열기관을 고물로 만들 것이네."

스콧은 턱을 만지작 거리면서 먼 곳을 바라보며 머릿속으로 계산이라도 하는 것 처럼 생각에 잠겼다.

"그러자면 정말 많은 고물이 만들어 지겠군"이라고 그는 말한 후더 다른 말도 하지 않고 떠났다!

그러나 내가 만든 발명품들은 어떤 방향을 향한 발걸음에 지나지 않았다. 이것들을 진화시키면서 내가 한 것은 단지 이미 존재하는 기구들을 개선한다는 선천적인 감각을 따른 것일 뿐 그것보다 더 반드시 필요한 것에 대한 특별한 생각을 하고 만든 것이 아니다. "확대 송신기"는 단순한 산업 발전보다 인류에게 있어 무한하게 훨씬 더 중요한 문제들을 해결하는 것이 목적이었기 때문에 몇 년에 걸쳐 노동을 한 결과물이었다. 내 기억이 맞다면 내가 과학연보에 기록된 것들 중 가장 보기드물고 장관인 실험을 한 것은 1890년 11월이었을 것이다. 고주파 전류의 특성 관찰 결과 나는 충분한 강도의 전계로 무전극 진공 튜브에 불을 켤 수 있는 것에 만족했다. 그리하여 그 이론을 시험하기 위해서 전환기가 만들어졌고 첫번째 실험은 놀라운 성공을 거뒀다. 나는 당시에는 그 이상한 현상이 무엇을 의미하는지 제대로 이해하지 못했다. 우리는 새로운 감각을 갈구하지만 곧 그것들에게 무관심해진다. 어제의 놀라운 일은 오늘의 일상이 된다. 내가 그 튜브들을 처음 공적으로 선보였을 때 이것은 설명하기 어려운 놀라운 일로 보여졌다. 전세계로부터 나는 급한 초대를 받고 수많은 훈장, 그리고 어깨를 으쓱하게 하는, 하지만 거절한, 권유들을 받았다.

하지만 1892년에 그 요구는 더 이상 버틸 수 있는 정도가 아니어서 나는 런던에 있는 전기 공학 학회에서 강연을 하게 되었다. 나의 의도는 그와 비슷한 일을 하러 곧장 파리로 넘어가는 것이었는데, 제임스 디워 경은 나에게 왕립 학회 앞에서 강연하기를 강권하였다. 나는 의지가 강한 사람이지만 그 대단한 스코틀랜드인의 강력한 논쟁에는 쉽게 굴복하였다. 그는 나를 의자에 앉히면서 글라스에 무지개빛으로 반짝이고 천상의 음료와 같은 맛이나는 아름다운 갈색 액체를 반쯤 부어주었다. 그는 말했다.

"자, 당신은 지금 파라데이의 의자에 앉아 그가 즐겨 마시던 위스키를 마시고 있소."

그 두 상황 모두 누구나 부러워할 만한 것이었다. 그 다음 날 저녁 나는 왕립 학회 앞에서 시연을 했고, 라일리 경이 청중에게 연설을 하는 것으로 그것은 마무리 되었는데, 그 분의 관대한 말씀 덕분에 새로운 시도들을 하도록 시동을 건 것 같다. 나는 나에게 퍼부어지는 호의에서 벗어나기 위해서 런던과 파리를 벗어났다. 그리고 집으로 돌아와서는 가장 고통스러운 시련과 질병을 겪었다. 건강을 회복하고 나서야 나는 미국에서의 일의 재개를 위한 계획을 짜기 시작할 수 있었다. 그때까지 나는 나에게 어떤 특별한 발견의 재능이라는 게 있다는 생각을 해보지 못했는데, 내가 항상 이상적인 과학자라고 흠모했던 라일리 경이 그렇다고 말하니 나는 좀 더 큰 아이디어를 떠올리는 데 집중할 필요가 있다고 느낀 것이다.

어느 날, 나는 산을 헤매고 있었고, 나는 다가오는 폭풍우를 피하기 위해서 은신처를 찾고 있었다. 하늘은 짙은 구름이 가득 끼기 시작했지만 비는 아직 오지 않고 있었는데, 갑자기 번개가 치더니 얼마 지나지 않아 폭우가 오기 시작했다. 이것을 관찰한 후 나는 생각에 빠졌다. 이 두 현상은 마치 원인과 결과와 같이 밀접하게 연결된 것들이라는 징후였고 조금의 숙고 후에 나는 강수에 관련된 전기력은 하찮은 정도이며 번개는 단지 아주 예민한 방아쇠의 역할을 하는 것이나 다름없다는 결론을 내리게 되었다. 이것은 성취의 엄청난 가능성을 보여주는 것이었다. 만약 우리가 필요한 정도만큼의 전기 효과를 만들어 낼 수 있다면 전 지구와 삶의 환경은

110

완전히 변화할 것이었다. 해가 바다의 물을 증발시키고 바람이 이를 먼 곳으로 이동시켜 이를 매우 섬세한 발란스가 맞도록 유지시킨다. 만약 우리가 사람의 힘으로 우리 원하는 때와 장소에서 이것을 휘저을 수만 있다면 이 생명을 유지시키는 흐름은 우리 마음대로 조절할 수 있는 것이다. 우리는 황량한 사막에서도 농사를 지을 수 있게 되고 호수와 강을 만들어 내어 무한한 원동력을 만들어낼 수 있게 되는 것이다.

 이것이 바로 태양의 힘을 우리가 쥐락펴락하여 인간에게 필요한 대로 활용할 수 있는 가장 효율적인 방법일 것이었다. 거사의 완성은 우리가 자연에서의 법칙에 따른 전기력을 만들어 낼 수 있느냐에 달려있었다. 그것은 불가능한 일에 착수하는 것처럼 보였지만 나는 그것을 시도해 보겠노라고 마음을 먹고 1892년 여름 미국에 돌아가자 마자 나는 일을 시작했다. 그 일은 나에게 있어서는 더욱 매력적으로 보였던 것이, 이와 비슷한 수단에서는 전선 없이 에너지를 송전하는 일에 성공하는 것이 필수적이었기 때문이다.

최초의 만족스러운 결과물은 이듬해 봄에 거둘 있었다. 이 때 나는 원뿔형 코일로 전압 1백만 볼트를 만들 수 있었다. 현재의 기술에 비교해 보자면 이는 그다지 대단해보이지 않겠지만 당시에 이것은 굉장한 것이었다. 센츄리 매거진 지(誌)의 4월 호에서 티 씨 마틴이 쓴 기사에서 판단할 수 있겠지만, 1895년 내 연구소가 불타 없어질 때까지 나는 꾸준히 연구에서 전진을 계속했다. 이 화재 사건은 나를 여러 방면에서 발목 잡았고 그 해는 계획하고 재건하는 것으로 시간을 보내야 했다. 하지만 상황이 허용되는 즉시 나는 나의 임무로 다시 돌아갔다.

나는 더 높은 전기 동력은 큰 면적을 차지하는 장치로 얻을 수 있다는 것을 알았지만 나에게는 그 목적은 상대적으로 작고 컴팩트한 전환기를 제대로 디자인할 수만 있다면 달성될 수 있다는 본능적인 인식이 있었다. 내 특허에서 볼 수 있다 시피, 플랫 스파이럴 형태의 2차 실험을 진행하면서 스트리머의 부재는 나를 놀라게 했고, 얼마 지나지 않아 이것이 턴의 위치와 그들의 상호 작용 때문이라는 것을 알게 되었다. 이러한 관찰을 통해 나는 고전압 전도체에 의존하여 분산된 용량을 억제할 수 있을 만큼 충분히 분리된 직경의 회전수를 사용하는 동시에 어느 지점에서든 전하가 과도하게 축적되는 것을 방지했다. 이 원칙을 적용함으로써 나는 4백만 볼트의 전압을 만들어낼 수 있었는데 이것은 휴스톤 가에 있던 새 연구소에서 만들 수 있는 최대 한계였다. 왜냐하면 방출되는 불꽃이 16피트나 되었기 때문이다. 이 송전기의 사진은 "일렉트리컬 리뷰"지의 1898년 11월 호에 실려있다.

이대로 더 나아가기 위해서는 나는 야외로 나가야만 했고 1899년 봄, 나는 무선 발전소를 세울 준비를 마친 후 나는 콜로라도로 가 1년 이상 시간을 보냈다. 여기서 나는 원하는 어떤 정도의 전압이든 생성할 수 있도록 개선과 향상시키는 작업을 했다. 관심있는 사람이라면 이 실험과 관련된 정보는 앞서 언급한 센츄리 매거진 1900년 6월 호에서 "인간 에너지를 높이는 것의 문제"라는 제목의 기사에서 더 자세히 찾아볼 수 있을 것이다.

나는 일렉트릭 익스페리멘터 지로부터 이 잡지를 읽고 있을 어린 친구들에게 나의 "확대 송신기"의 구성과 작동, 그리고 이것의 목적을 확실하게 이해시켜 위해 이 주제에 대해서 분명하게 설명할 것을 요청받았다. 자, 그렇다면 우선, 이것은 높은 전위로 충전된 부품들이 상당한 면적을 가지며 매우 큰 곡률 반경의 이상적인 감싸는 표면을 따라 공간에 배열되어 있는 2차 공진형 변압기로, 서로 적절한 거리를 두면 모든 곳에서 작은 전기 표면 밀도를 보장하여 인덕터가 비어 있어도 코일이 누출되지 않도록 한다. 이것은 초당 사이클 수에 상관 없이 어떤 주파수에서도 사용할 수 있고, 엄청난 양이지만 적절한 전압의 전류를 발생시키거나 암페어 수는 작지만 엄청난 전기동력을 만들어 내는 데 사용할 수 있다. 최대 전기 장력은 단지 충전된 요소가 위치한 표면의 곡률 및 후자의 면적에 따라 결정될 뿐이다.

내 과거 경험으로 미루어 볼 때, 1억 볼트는 완벽하게 실행할 수 있다. 반면에, 수천 암페어의 전류는 안테나에서 획득될 수 있다. 그렇게 하기 위해서는 매우 중간 정도의 크기의 공장이 필요하다. 이론적으로 직경이 90피트 미만인 단자는 해당 크기의 기전력을 발생시키기에 충분하지만 일반 주파수에서 2,000~4,000암페어의 안테나 전류에 대해서는 직경이 30피트보다 클 필요가 없다.

보다 제한적인 의미로, 이 무선 송신기는 전체 에너지에 비해 헤르츠파 복사가 완전히 무시할 수 있는 양이며, 이 조건에서는 감쇠 계수가 매우 작고 높은 용량에 막대한 전하가 저장된다. 그러한 회로는 어떤 종류의 임펄스, 심지어 저주파라도 반응하고 교류 발전기의 것과 같은 정현파적이고 연속적인 진동을 발생시킨다. 그러나 이 용어의 가장 좁은 의미에서는 이러한 특성을 갖는 것 외에도 구와 그 전기적 상수와 특성에 맞게 정확하게 비례하는 공명 변압기이며, 이러한 설계에 의해 에너지의 무선 전송이 매우 효율적이고 효과적이게 된다. 그러면 거리는 완전히 제거되고, 전달된 자극

114

의 강도는 줄어들지 않는다. 정확한 수학적 법칙에 따라 발전소와 의 거리에 따라 동작을 증가시키는 것도 가능하다. 이 발명품은 내가 1900년 뉴욕으로 돌아오면서 상용화를 위해 착수했던 무선 전송의 "세계 시스템"에 포함된 것들 중 하나이다. 내 사업의 직접적인 목적에 대해, 그것들은 내가 인용하는 그 시기의 기술적 진술에서 명확하게 설명되었는데 그 설명은 다음과 같다. "'세계 시스템'은 발명가가 오랜 연구와 실험의 과정에서 만든 몇 가지 독창적인 발견들의 조합에서 비롯되었다. 그것은 모든 종류의 신호, 메시지 또는 문자의 즉각적이고 정밀한 무선 전송뿐만 아니라 기존의 전신, 전화, 그리고 다른 신호국들의 상호 연결도 그들의 현재 장비에 어떠한 변화 없이 가능하게 한다.

예를 들어, 그것의 수단으로, 이곳의 전화 가입자는 지구상의 다른 가입자와 통화할 수 있다. 시계보다 크지 않은 저렴한 수신기는 그가 육지든 바다든 어디서든 연설을 듣거나 멀리 떨어져 있더라도 다른 곳에서 음악을 들을 수 있게 해줄 것이다. 이러한 예들은 단지 거리를 소멸시키고 완벽한 자연 전도체인 지구를 인간의 독창성이 선로를 위해 발견한 무수한 목적을 위해 이용할 수 있게 만드는 이 위대한 과학적 진보의 가능성에 대한 아이디어를 주기 위해 인용된다. 이것의 한 가지 광범위한 결과는 하나 이상의 전선을 통해 작동할 수 있는 장치(당연히 제한된 거리 안에서)도 마찬가지로 인공 도체 없이 동일한 시설과 정확도로 지구의 물리적 치수에 의해 부과된 것 외에는 제한이 없는 거리에서 작동할 수 있다는 것이다. 따라서, 이러한 이상적인 전송 방법에 의해 완전히 새로운 상업적 이용 분야가 열릴 뿐만 아니라 오래된 분야도 크게 확장될 것이다. '세계 시스템'은 다음과 같은 중요한 발명과 발견의 적용을 기반으로 한다.

1.'테슬라 변환기'. 이 장치는 전쟁에서 화약처럼 혁명적으로 전기 진동을 발생시킨다. 이 발명가에 의해 일반적인 방법으로 발생했던 어떤 것보다도 몇 배나 강한 전류와 100피트가 넘는 전기 불꽃이 이런 종류의 기구로 만들어졌다.

2. '확대 송신기'. 이것은 테슬라의 최고 발명품으로, 망원경이 천문 관측에 사용되는 것처럼 전기에너지를 전달하여 지구를 자극시키기 위해 특별히 개조된 독특한 변압기이다. 이 놀라운 장치를 사용함으로써 그는 이미 번개보다 더 강한 전기적 움직임을 설정했고 200개가 넘는 백열등을 밝히기에 충분한 전류를 전 세계에 흘려보냈다.

3. '테슬라 무선 시스템'. 이 시스템은 여러 가지 개선 사항으로 구성되어 있으며, 와이어가 없는 거리까지 전기 에너지를 경제적

으로 전달하는 것으로 알려진 유일한 수단이다. 콜로라도의 발명가에 의해 세워진 대단한 활동의 실험소와 관련된 세심한 테스트와 측정에서 전력의 손실은 몇 퍼센트를 초과하지 않는다는 사실과 함께, 필요한 경우 지구 전체에 걸쳐 원하는 양의 힘이 전달될 수 있다는 것을 입증되었다.

4. '개별화 기술". 테슬라의 이 발명은 정제된 언어가 표현되지 않은 것과 같은 원시적인 '조율'을 하기 위한 것이다. 신호 또는 메시지의 전송을 능동적 및 수동적 측면, 즉 비간섭적 측면과 보안 측면에서 절대적으로 비밀스럽고 배타적으로 가능하게 한다. 각 신호는 명백한 동일성을 가진 개별성을 가지며, 상호 간섭 없이 동시에 작동할 수 있는 전화국이나 기기의 수에는 사실상 제한이 없다.

5. '정지 지상파'. 일반적으로 설명되는 이 놀라운 발견은 지구가 특정 소리의 파동에 대한 음의 음차처럼 일정한 피치의 전기 진동에 반응한다는 것을 의미한다. 지구를 강력하게 흥분시킬 수 있는 이러한 특별한 전기 진동은 상업적으로나 많은 다른 면에서 매우 중요한 수많은 용도를 제공한다.

첫 '세계 시스템' 발전소는 9개월 만에 가동될 수 있다. 이 발전소를 이용하면 천만 마력까지 전력 활동을 할 수 있으며, 많은 비용 없이도 가능한 한 많은 기술적 성과를 낼 수 있도록 설계되었다. 그 성과에 대해서는 다음 사항이 언급될 수 있다.

1. 전 세계의 기존 전신 교환소 또는 사무실의 상호 연결

2. 비밀스럽고 안전한 정부 전신 서비스 구축

3. 전 세계 모든 전화 교환소 또는 사무실의 상호 연결

4. 언론과 관련하여 전신이나 전화에 의한 일반뉴스의 보편적 유통

5. 민간 전용 정보 전달의 '세계 시스템' 구축

6. 전 세계 모든 주식 발행자의 상호 연결 및 운영

7. 음악의 배포 등을 위한 '세계 시스템' 구축

8. 천문학적 정밀도로 시간을 나타내며 어떠한 주의도 필요하지 않은 값싼 시계에 의한 보편적인 시간 기록

9. 타이핑되거나 손으로 쓴 문자, 편지, 수표 등의 전세계적 전송

10. 모든 선박의 항해자가 나침반 없이 완벽하게 조종할 수 있고, 정확한 위치, 시간, 속도를 결정할 수 있으며, 충돌 및 재해 등을 방지할 수 있는 범용 해양 서비스 구축

11. 육해상 세계인쇄체계의 출범.

12. 사진 및 모든 종류의 도면 또는 기록의 세계 복제

나는 또한 소규모이지만 확실한 전력의 무선 전송에 대한 시연을 제안했다. 이것들 외에도 나는 언젠가 공개될 나의 발견에 대한 다른 그리고 비교할 수 없을 만큼 중요한 응용들을 언급했다.

롱아일랜드에 건설된 공장은 187피트 높이의 탑과 직경 68피트 정도의 구형 단자를 가지고 있었다. 이러한 치수는 사실상 모든 양의 에너지를 전달하기에 적합했다. 원래는 200kW에서 300kW까지만 제공되었지만, 나중에 수천마력을 사용할 생각이었다. 그 송신기는 특별한 특성의 파동 복합체를 방출하는 것이었고 나는 어떤 양의 에너지에 대해서도 전화적으로 제어할 수 있는 독특한 방법을 고안해냈다. 탑은 2년 전에 파괴되었지만 내 프로젝트들은 진행되고 있고 더 나은 성능을 갖춘 다른 탑이 건축될 것이다.

내가 30년 전에 미국 시민권의 영광을 수여해준 서류들은 항상 금고에 보관하고 있지만 나의 훈장, 학위, 학위증명서, 금메달 등 다른 수훈들은 그냥 오래된 여행용 가방에 넣어두고 있다는 사실을 모르는 사람들의 머리에서 현재 전쟁 상태 때문에 나온 편견으로 만들어져 널리 퍼지게 된, 그 탑이 정부에 의해서 철거 되었다는 소문을 이 자리를 기회삼아 부정하고자 한다. 만약이 이 소문이 근거 있는 것이라면 나는 탑을 세우는 데 썼을 많은 금액의 돈을 상환받았을 것이다.

그와 반대로 정부는 이 탑을 유지하는 데 더 관심이 있었는데 왜냐하면 그럴 경우, 한 가지 중요한 결과만 언급하자면, 전세계 어디에 있는 잠수함의 위치도 추적할 수 있었을 것이기 때문이다. 내 발전소와 조력, 그리고 나의 모든 개선은 관리들이 마음대로 할 수 있고, 유럽 분쟁의 발발 이후로 나는 항공 항법, 선박 추진 및 무선 전송과 같은 국가를 위해 매우 중요한 항목에 관련된 몇몇 나의 발명에 있어서 희생하다시피 일해 왔다. 잘 아는 사람들은 알겠지만 내 아이디어는 미국 산업에 혁명을 가져왔고 나는 이 점에서 특히 전쟁에서 자신의 개선의 사용에 관해 나만큼 운이 좋은 발명가가 있는 지 모르겠다. 나는 전세계가 위기에 처한 시점에 내 개인적인 사안에 대해서 말하는 것이 부적절하다고 여겼기 때문에 이 주제에 관해서 공적으로 표현하는 것을 자제했었다.

내가 들은 여러가지 소문에 관한 측면에서 좀 더 추가하자면 제이 피어폰트 모건씨는 사업적인 면에서 나에게 관심을 보이지 않고 다른 많은 개척자들을 도와왔던 것과 같은 큰 정신에 관심을 가졌다. 그는 자신의 관대한 약속을 토시 하나 틀리지 않고 지켰고 내가 그에게서 더 많은 것을 바란다면 그것은 너무나도 불합리한 일일 것이다. 그는 나의 성취를 높이 평가하셨고, 나는 내가 궁극적으로 하려고 하는 일을 성취할 수 있는 능력이 있다고 완전히 믿었다는 모든 증거를 내게 주셨다. 나는 소심하고 질투심 많은 몇몇 사람들에게 나의 노력을 방해했다는 만족감을 주고 싶지 않다. 이런 사람들은 나에게 있어 끔찍한 질병의 병균만도 못한 존재들이다. 내 프로젝트는 자연의 법칙에 의해서 좌절된 것 뿐이다. 세상은 아직 그것들을 위해 준비가 되어 있지 않았다. 너무 시대를 앞선 것이다. 하지만 결국에는 같은 법칙이 널리 퍼져서 이를 승리의 성공으로 만들 것이다.

6. 무선 자동장치의 기술

Nikola Tesla

–

 내가 전념한 어떤 주제도 내 뇌의 가장 섬세한 섬유가 확대 송신기의 기초가 되는 시스템만큼 위험한 정도로 정신 집중과 긴장감을 요구한 적이 없다. 젊음의 모든 강렬함과 회전자계 발견의 발전에 쏟았지만, 그 초기 노동들은 성격이 달랐다. 비록 극도로 힘들었지만, 그들은 무선의 많은 곤혹스러운 문제들을 공격하기 위해 수행해야 했던 예리하고 지치는 분별력을 포함하지 않았다. 그 당시 나의 드문 육체적 인내심에도 불구하고 마침내 학대받은 신경이 반란을 일으켰고 나는 길고 힘든 임무의 완성이 거의 가시권에 들어온 순간 완전히 무너지는 고통을 겪었다. 의심할 여지 없이, 만약 해가 갈수록 좋아지는 것처럼 보이고, 나의 힘이 끝날 때까지 작동하게 될 것인 신의 섭리가 나에게 안전 장치를 주지 않았다면 나에게는 나중에 더 큰 문제가 닥칠 것이고, 나의 경력은 일찍 끝났을 것이다. 그것이 작동하는 한, 나는 다른 발명가들을 위협하는 과로 때문에 위험으로부터 안전하다. 그리고 부수적으로, 나는 대

125

부분의 사람들에게 없어서는 안 될 휴가가 필요하지 않다. 완전히 피곤해 지면 나는 "백인들이 걱정하는 동안 자연스럽게 잠이 드는" 흑인들 처럼 한다. 내 영역에서 이론 하나를 꺼내자면, 신체는 아마도 어떤 특정한 양의 독성 물질을 조금씩 축적하고 나는 정확히 30분 동안 지속되는 거의 무기력한 상태에 빠진다. 이 순간에서부터 깨어나면, 나는 바로 전에 있던 사건들이 아주 오래 전에 일어난 것 같은 느낌이 들고, 만약 내가 중단된 생각의 연속을 지속하려고 한다면, 나는 정말로 머리 속에서 메스꺼움을 느낀다. 그리고 무의식적으로 다른 일에 눈을 돌리게 되고, 전에 나를 당황하게 했던 장애물을 극복한 마음의 신선함과 여유에 놀란다. 그러면 몇 주 또는 몇 달 후에 일시적으로 방치한 발명에 대한 나의 열정이 돌아오고 나는 항상 거의 아무런 노력 없이도 모든 성가신 질문에 대한 답을 찾는다.

이와 관련하여 나는 심리학 학생들에게 흥미로울 수 있는 특별한 경험을 언급해 보고자 한다. 나는 접지된 송신기로 놀라운 현상을 만들어냈고 지구로 전파되는 전류와 관련하여 그것의 진짜 의미를 확인하려고 노력하고 있었다. 그것은 가망이 없는 일처럼 보였고, 나는 1년 넘게 쉬지 않고 일했지만 헛수고였다. 이 심오한 연구에 나는 완전히 몰입하게 되었고 나는 다른 모든 것, 심지어 망가진 내 건강까지도 잊어버리게 되었다. 마침내 내가 완전히 망가질 위기에 처하자 자연은 치명적인 수면을 유도하는 방지제를 처방했다. 정신을 차린 나는 내 의식에 처음 들어온 유아기 장면을 제외하고는 내 삶의 장면을 시각화할 수 없다는 것을 경악과 함께 깨달았다. 이상하게도, 이것들은 놀랍도록 뚜렷하게 나의 시야 앞에 나타났고, 너무나도 고마운 안도감을 주었다. 매일 밤, 잠을 청할 때, 나는 그 장면들을 생각하곤 했고, 점점 더 나의 이전의 존재가 드러났다. 천천히 펼쳐지는 광경에서 어머니의 모습은 언제나 주요 인물이었고, 어머니를 다시 보고 싶다는 소모적인 욕망이 점차 나를 사로잡았다. 이 감정이 너무 강해져서 나는 모든 일을 그만두고 그리움을 채우기로 결심했다. 하지만 실험실에서 벗어나는 것은 너무 어려웠고, 1892년 봄까지 제 과거의 삶의 모든 인상을 되살리기 까지는 몇 달이 지났다.

망각의 안개 속에서 나온 다음 이미지에서, 나는 파리의 호텔 드라 팍스에서 오랜 시간 동안 뇌를 소모한 특이한 잠에서 깨어나는 것을 보았다. 어머니가 죽어가고 있다는 안타까운 소식을 전해들은 바로 그 순간이 문득 떠올랐을 때 내가 느꼈던 고통과 괴로움을 상상해 보라. 나는 내가 집으로 가는 긴 여정에서 한 시간도 쉬지 않고 어떻게 보냈는지, 그리고 어머니가 몇 주간의 고뇌 끝에 어떻게 세상을 떠났는지 기억해냈다! 특히 부분적으로 지워진 기억의 이 모든 기간 동안 내가 다룬 연구의 주제에 대하여 관련된 모든

127

것이 살아나는 것 같았다. 나는 아주 작은 세부사항과 실험 중 발견한 가장 중요하지 않은 관찰 내용과 심지어는 복잡한 수학공식과 텍스트의 페이지들도 전부 기억해낼 수 있었다.

나는 보상의 법칙에 대해 확고한 신념을 가지고 있다. 진정한 보상은 언제나 노고와 희생에 비례한다. 이것이 내가 나의 모든 발명품들 중에서, 확대 송신기가 미래 세대에게 가장 중요하고 가치 있는 것으로 증명될 것이라고 확신하는 이유 중 하나이다. 이 예언은 확대송신기가 반드시 가져올 상업 및 산업 혁명에 대한 생각보다는 그것이 가능하게 하는 많은 인도주의적 결과의 성과에 의해 촉발된 것이다. 단순한 효용에 대한 고려는 문명에의 더 높은 이익에 대한 균형에 거의 영향을 미치지 않는다. 우리는 물질적 존재에 대한 제공만으로는 아무리 풍부해도 해결될 수 없는 불길한 문제들에 직면해 있다.

그와 반대로, 이러한 방향으로의 진보는 가난과 고통에서 태어난 사람들 못지않게 위험과 위험으로 가득 차 있다. 만약 우리가 원자의 에너지를 방출하거나 지구상의 어느 지점에서나 값싸고 무제한적인 힘을 개발하는 다른 방법을 발견한다면, 이 성취는 인류에게 축복이 아닌 불화와 무정부 상태를 야기하는 재앙을 가져올 것이고, 이는 궁극적으로 혐오스러운 무력 정권의 즉위를 초래할 것이다. 가장 큰 선은 통일과 화합을 지향하는 기술적 개선에서 비롯되며, 나의 무선 송신기는 주된 부분에서 그러하다. 이로써 인간의 목소리와 그 반사가 어디에서나 재현될 것이고 공장들은 수천마일 떨어진 폭포로부터 동력을 받아 가동될 것이다. 비행기는 멈추지 않고 지구 주위를 돌며 추진될 것이고 태양의 에너지는 동력 제공과 건조한 사막을 비옥한 땅으로 변화시키기 위한 목적으로 호수와 강을 만들기 위해 제어될 것이다. 확대 송신기의 도입으로 전신, 전화 및 이와 유사한 용도를 가진 것들은 현재 무선 송신의 적용에 좁은 제한을 가하는 잡음 및 기타 모든 간섭을 자동으로 차단할 것이다. 이것은 몇 마디의 말을 하는 것이 합당한 시의 적절한 주제이다.

지난 10년 동안 많은 사람들이 거만하게 이 장애물을 제거하는데 성공했다고 주장해왔다. 나는 공적으로 공개되기 훨씬 전에 설명된 모든 준비사항을 주의 깊게 조사했고 그것들을 테스트했지만, 그 결과는 한결같이 부정적이었다. 미 해군의 최근 공식 성명은 아마도 몇몇 쉽게 속는 뉴스 편집사들에게 이러한 발표들의 진짜 가치를 평가하는 방법을 가르쳐 주었을 것이다. 대체로 그 시도들은 너무나 잘못된 이론에 기반을 두고 있어서 그것들이 내 눈에 들어올 때마다 나는 이를 가볍게 대할 수밖에 없다. 아주 최근에 귀가 먹먹할 정도의 경적소리와 함께 새로운 발견이 예고되었지만, 그것은 산이 쥐를 낳는 또 다른 사례를 증명했다. 이것은 내가 고주 파수의 전류로 실험을 수행하던 몇 년 전에 일어났던 흥미로운 사건을 생각나게 한다. 스티브 브로디가 브루클린 다리에서 뛰어내린 지 얼마 지나지 않은 때의 일이다. 그의 업적은 그 후에 모방하는 자들에 의해 격이 떨어지게 되었지만 그 첫번째 소식은 뉴욕을 열광시켰다. 나는 그 당시 매우 쉽게 인상을 받는 편이었고 그 대범한 인쇄업자에 대해서 종종 언급하고는 했다. 어느 더운 오후, 나는 재충전이 필요하다고 느꼈고, 지금은 유럽의 가난하고 황폐해진 나라들을 여행해야만 마실 수 있는 알콜 도수 12%의 맛있는 음료가 제공되는 이 위대한 도시의 인기 있는 3만 개의 시설 중 하나에 발을 들여놓았다. 내부에는 많은 사람들이 있었고 과히 특별한 사람들도 없어 부주의한 발언을 해도 그다지 문제될 것 없어 보였다.

. "나는 다리에서 뛰어내릴 때 이렇게 말했지."라고 나는 말했다.

이 말을 하자마자 나는 쉴러의 시에서 나오는 티모세우스의 동행자 같은 기분이 들었다. 그 순간 사방에서 난리가 났었고 열 몇명이,

"브로디다!"라고 소리를 질렀다.

나는 카운터에 25센트짜리 동전 하나를 던지고는 문을 향해 달렸다. 하지만 군중은 내 뒤를 바짝 따르며,

"스티브! 멈춰!"라고 외쳤다.

이것 때문에 다른 많은 사람들이 오해를 하여 내가 피난처를 향해 정신없이 달려가려고 할 때 나를 붙잡으려고 들었다. 다행히 나는 비상계단을 통해 모퉁이를 돌면서 실험실에 도착했고, 나는 코트를 벗어 던지고는 열심히 일하는 대장장이로 위장하여 금속을 벼리기 시작했다. 하지만 이런 예방책은 필요없었다. 나는 이미 내 추격자들을 따돌린 것이었다. 그 후로부터 몇 년간 상상이 낮의 사소한 트러블이 눈앞의 환영으로 바뀌는 밤에 나는 종종 뒤척이며 그 무리들이 나를 붙잡아서 내가 스티브 브로디가 아니라는 사실을 깨달았으면 나의 운명은 어떻게 되었을지 생각하고는 했다!

최근에 기술 단체 앞에서 "지금까지 알려지지 않은 자연의 법칙"에 기초하여 잡음에 대한 새로운 대처법에 대한 설명을 하면서 송신기의 장애는 지구를 따라 진행됨에도 불구하고 이러한 장애들이 위아래로 전파된다고 한 그 엔지니어는그 때의 나만큼 무모했던 것 같다. 이것은 지구와 같이 가스가 둘러싼 응축기가 모든 물리학의 기본 교과서에 제시된 기본적인 가르침과는 정반대의 방

식으로 충전과 방전을 할 수 있다는 것을 의미한다. 이러한 가정은 프랭클린의 시대에도 잘못된 것으로 비난받았을 것이다. 왜냐하면 이와 관련된 사실들이 당시에도 잘 알려져 있었고 대기 전기와 기계들에 의해 개발된 전기 사이의 동일성이 완전히 확립되었기 때문이다. 분명히, 자연적, 인위적 교란은 정확히 같은 방식으로 땅과 공기를 통해 전파되며, 둘 다 수직적인 것은 물론 수평적으로도 기전력을 설정한다. 전파 방해는 그 엔지니어가 제시한 것과 같은 방법으로는 극복될 수 없다. 진실은 이러하다. 공중에서 전위는 고도 당 약 50볼트의 속도로 증가하며, 이로 인해 안테나의 양 끝 사이에는 20, 또는 심지어 40,000볼트의 압력 차이가 있을 수 있다. 대전된 대기의 질량은 끊임없이 움직이고 연속적으로가 아니라 오히려 교란적으로 도체에 전기를 공급하며, 이 때문에 민감한 전화 수신기에 지지직거리는 소음을 발생시킨다.

이 효과는 단자가 더 높고 와이어로 둘러싸인 공간이 클수록 더 뚜렷하게 나타나지만, 이는 순수하게 국소적이며 실제 문제와는 거의 관계가 없다는 점을 이해해야 한다. 1900년, 내가 무선 시스템을 완벽하게 만들 때, 나는 네 개의 안테나로 구성된 하나의 장치를 만들었다. 이것들은 같은 주파수로 세심하게 교정되었고, 어떤 방향으로부터도 수신하여 활동을 확장시키는 대상과 여러 점으로 연결되었다. 전송된 임펄스의 원인지를 확인하고자 할 때, 대각선에 위치한 각 쌍은 검출기 회로에 전원을 공급하기위해 1차 코일과 직렬로 연결되었다. 전자의 경우에 전화기에서 나오는 소리는 매우 컸다. 후자의 경우에는 예상한 대로 두 안테나가 서로를 상쇄하며 소리가 멈췄다. 그러나 진정한 잡음은 두 경우에서 모두 나타났고 나는 다른 원칙을 바탕으로 특별한 예방책을 고안해야 했다.

오래 전에 내가 제안했듯이, 지면의 두 지점에 연결된 수신기를 사용함으로써, 현재 구축된 구조물에서 매우 심각한 하전 공기로 인한 이러한 문제가 무효화되고, 게다가 회로의 방향성 때문에 모든 종류의 간섭의 책임이 약 반으로 감소한다. 이것은 완전히 자명한 일이었지만, 도끼로 개선할 수 있는 장비의 형태에만 경험이 국한된 단순한 무선 사용자들에게는 놀라운 깨달음이었고, 그들은 곰을 죽이기도 전에 가죽을 처분해 버린 것이나 다름없었다. 공전이 그런 장난을 친 게 사실이라면 안테나 없이 수신만 하면 쉽게 이런 간섭을 없앨 수 있을 것이다. 하지만 이 관점에 따르자면 땅에 묻힌 전선은 완전히 면역이 되어야 하지만 사실 이 전선은 공중에 수직으로 놓여진 것보다 특정한 외부 자극에 더 민감하다. 공정하게 말하자면, 약간의 진전이 있었지만 이 진전은 어떤 특정한 방법이나 장치 때문에 그런 것은 아니다. 전송에도 충분히 나쁘지만 수신에도 전혀 적합하지 않은 거대한 구조물을 버리고 보다 적절한 유형의 수신기를 채택함으로써 간단히 달성되었다. 이전 기사에서 지적했듯이, 이 어려움을 확실히 처리하려면 전체 구조에 근본적인 변화가 이루어져야 하고 이것은 **빠르면 빠를수록 좋다.**

이 기술이 아직 걸음마 단계이고 전문가들조차 예외없이 대다수의 사람들이 이 기술의 궁극적 가능성에 대한 개념이 없는 이 시기에, 그것을 입법부를 통해 정부 독점으로 만드는 조치가 성급하게 시행된다면 이는 참으로 재앙이 아닐 수 없다. 이는 대니얼스 장관이 몇 주 전에 제안한 것으로, 이 저명한 관리가 상원과 하원에 진정성 있는 확신으로 호소했다는 것은 의심의 여지가 없다. 그러나 의심할 여지 없이 최상의 결과는 항상 건강한 상업적 경쟁 속에서 얻어진다는 것을 보편적인 증거가 보여준다. 그러나 무선에서는 완전한 개발의 자유가 주어져야 하는 예외적인 이유가 있다.

첫째로, 무선은 인간의 역사에서 어떤 발명이나 발견보다 인간의 삶을 향상시키는 데 헤아릴 수 없을 정도로 크고 필수적인 전망을 제공한다. 한편, 이 대단한 기술은 그 전체가 이곳 미국에서 진화되었고 전화기, 백열등 또는 비행기보다 더 올바르고 적절하게 "미국적"이라고 불릴 수 있다는 것을 이해해야 한다. 기업가적인 언론사 요원과 주식 종사자들이 잘못된 정보를 퍼뜨리는 데 성공한 덕분에 사이언티픽 아메리칸처럼 훌륭한 잡지조차도 외국으로 주된

공을 돌릴 정도이다. 물론 독일은 우리에게 헤르츠파를 주었고 러시아, 영국, 프랑스, 이탈리아 전문가들은 이를 재빨리 이용하여 신호를 보낼 수 있게 하였다. 그것은 새로운 재료의 명백한 적용이었고, 거의 다른 종류의 회광통신에 지나지 않은 기존의 고전적이고 개선되지 않은 유도 코일로 이룰 수 있을 뿐이었다. 전파의 반경은 매우 제한적이었고, 그 결과는 거의 가치가 없었으며, 헤르츠 진동은 정보를 전달하기 위한 수단으로서 내가 1891년에 공개적으로 지지한 것처럼 음파로 유리하게 대체될 수 있었다. 더욱이, 이러한 모든 시도는 오늘날 보편적으로 사용되고 있는 무선 시스템의 기본 원리가 나온 지 3년 후에 이루어졌으며, 무선의 강력한 도구들은 미국에서 명백하게 설명되고 개발되었다.

오늘날에는 헤르츠 시대의 기구와 방법은 어떠한 흔적도 남아 있지 않다. 우리는 정반대의 방향으로 진행되어 왔고, 그 동안 성취된 것들은 이 나라 시민들의 두뇌와 노력의 산물이다. 기본 특허는 만료되었고, 기회는 누구에게나 열려 있다. 장관의 주요 주장은 전파 간섭에 기초하고 있다. 7월 29일자 뉴욕 헤럴드에 보도된 그의 성명에 따르면, 강력한 방송국의 신호는 세계의 모든 마을에서 감청될 수 있다고 한다. 1900년 내가 한 실험에서 증명된 이 사실을 고려할 때, 미국에서 무선에 제한을 가하는 것은 별 소용이 없을 것이다.

이런 점에서, 최근에 특이하게 생긴 한 신사가 먼 땅에 있는 세계 송신기 건설에서 나를 합류시킬 목적으로 저를 방문했다고 언급할 수 있을 것이다. 그는 말했다.

"우리에게 돈은 없소. 하지만 순금이라면 얼마든지 있지. 그리고 우리는 당신에게 이 금을 넉넉하게 줄 수 있습니다."

나는 그에게 미국에서 내 발명으로 무엇을 할 수 있는지 부터 보겠다고 말했다. 그것으로 그와 나의 대화는 끝이 났다. 하지만 나는 몇몇 어두운 힘이 작용하고 있고, 시간이 지남에 따라 이들이 지속적인 의사소통을 유지하는 것이 더 어려워질 것이라는 점에 만족한다. 유일한 대책은 전파 방해에 면역이 되어 있는 시스템이다. 이것은 완성되었고, 존재하며, 지금 남은 것은 가동시키는 것뿐이다.

그 끔찍한 갈등은 여전히 마음의 가장 위에 있고 아마도 공격과 방어를 위한 기계로서 확대 송신기의, 특히 무선 자동장치와 관련하여, 중요성이 부각될 것이다. 이 발명품은 내 소년 시절에 시작되어 내 일생 동안 계속된 관찰의 논리적 결과이다. 첫 번째 결과가 발표되었을 때, 일렉트리컬 리뷰는 그것이 "인류의 진보와 문명의 가장 강력한 요소" 중 하나가 될 것이라고 사설에서 말했다. 이 예언이 현실화되기 까지 시간이 얼마 남지 않았다. 나는 확대 송신기를 1898년과 1900년에 정부에 제안했는데, 만약 내가 알렉산더 왕의 도움이 필요할 때 그의 양치기에게 먼저 가는 타입의 사람이었다면 이것은 채택되었을지도 모른다. 그 당시에 나는 확대 송신기가 전쟁을 폐지할 것이라고 정말 생각했다. 왜냐하면 이것에게는 무한한 파괴력이 있고 전투의 개인적인 요소가 배제되어 있기 때문이다. 하지만 그 가능성에 대한 믿음을 잃지 않았지만, 그 이후로 나의 관점은 바뀌었다.

전쟁은 그 재발의 물리적 원인이 제거될 때까지 피할 수 없으며 이것은 최후에는 우리가 살고 있는 행성의 광대한 범위까지 포함된다. 모든 면에서 거리가 소멸되어야만 정보의 전달, 승객과 물자의 수송, 에너지의 전달이 언젠가는 이루어지게 되어 우호 관계의 영속성이 보장될 것이다. 지금 우리가 가장 원하는 것은 전세계 개인들과 공동체들 간의 더 긴밀한 접촉과 더 나은 이해, 그리고 세계를 항상 원시적인 야만과 싸움에 빠뜨리기 쉬운 국가 중심주의와 교만으로 이루어진 기고만장한 이상에 대한 광적인 헌신을 제거하는 것이다. 어떤 종류의 동맹이나 의회 행위도 그러한 재앙을 막을 수 없을 것이다. 이것들은 약자를 강자의 손아귀에 넣기 위한 새로운 장치일 뿐이다. 14년 전, 대통령이 노력을 하기 전에는 정부간의 연합이라는 개념의 아버지라고 할 수 있는 사람으로서 누구보다 이에 대한 더 많은 홍보와 자극을 주었던 고(故) 앤드류 카

네기에 의해 몇몇 지도적인 정부들의 일종한 신성한 연합이라 볼 수 있는 조합이 주창되었을 때 나는 이 부분에 대해서 나의 의견을 표명했다. 그러한 조약이 일부 불우한 사람들에게 물질적으로 유리할 수 있다는 것은 부인할 수 없지만, 그것이 추구하는 주요 목적을 달성할 수는 없다. 평화는 보편적 계몽과 인종 통합의 자연스러운 결과로서만 달성할 수 있으며, 우리는 여전히 이 복된 깨달음과는 거리가 멀다.

오늘날 우리가 목격한 거대한 싸움에 비추어 볼 때, 나는 미국이 자신의 전통을 고수하여 "얽히고 설킨 동맹"에 엮이지 않는다면 인류의 이익이 가장 잘 지켜질 것이라고 확신한다. 지리적으로 보았을 때, 미국은 임박한 분쟁의 장에서 멀리 떨어져 있고, 영토 확장에 대한 동기가 없을 뿐더러, 무진장한 자원을 가지고 있고, 수많은 인구가 자유와 권리의 정신에 완전히 젖어 있기에 독특하고 특권적인 위치에 놓여 있다. 따라서 연맹의 구성원보다 더 공정하고 효과적으로 미국이라는 나라의 거대한 힘과 도덕적 힘을 독립적으로 모든 이들에게 이익이 되도록 행사할 수 있다.

일렉트리컬 엑스페리멘터 지(誌)에 실린 이 자전적 그림들 중 하나에서, 나는 나의 어린 시절의 환경에 대해 이야기했고, 그 안에서 끊임없는 상상력과 자기 관찰이 강요되었던 고통에 대해 이야기했다. 처음에는 질병과 고통의 압박에 의해 무의식적으로 이루어졌던 이 정신 활동은 차츰 나의 제2의 천성이 되었고 마침내 나는 생각과 행동에 있어서 자유의지가 결여된 자동기계일 뿐이며 환경의 힘에 반응하는 것에 불과하다는 것을 인식하게 되었다. 우리의 몸은 구조가 매우 복잡하고, 우리가 수행하는 동작은 매우 많고 복잡하며, 우리의 감각 기관에 가해지는 외적인 인상은 너무 섬세하고 난해하여 평균적인 사람들은 이 사실을 파악하기가 어렵다. 그러나 나와 같이 훈련된 탐정에게는 300년 전에 데카르트에 의해 어느 정도 이해되고 제안되었던 생명에 대한 기계론적 이론보다 더 설득력 있는 것은 없다. 그러나 그의 시대에는 인간 신체라는 유기체의 많은 중요한 기능들이 알려지지 않았고, 특히 빛의 본질과 눈의 구조와 작동에 관해서 철학자들은 잘 알지 못했다.

많은 연구 결과들이 출판된 최근 몇 년 동안 이 분야에서의 과학 연구의 진전은 이 견해에 대해 의심의 여지를 남기지 않는다. 이 견해에 있어서 아마도 파스퇴르의 조수였던 펠릭스 르 단테가 가장 유능하고 유창한 대표자 중 한 명일 것이다. 자끄 로브 교수는 태양중심주의에 관한 주목할 만한 실험을 했고, 하위 형태의 유기체에서의 빛의 제어력을 명확히 확립했으며, 그의 최근 저서인 "강제운동"은 매우 시사적이다. 과학자들은 단순하게 이 이론을 인정된 다른 이론과 같이 받아들이지만, 나에게 있어서 이 이론은 매시간 나의 모든 행동과 생각을 통해 증명되는 진실이다. 육체적이든 정신적인 것이든 외적인 인상의 의식은 언제나 내 마음속에 존재한다. 아주 드문 경우지만, 내가 예외적으로 집중된 상태에 있을 때, 나는 원래의 충동을 찾는 데 어려움을 느꼈다.

엄청난 수의 사람들은 그들 주위에서 그리고 그들 안에서 어떤 일이 일어나고 있는지 절대로 알지 못하는데, 이 때문에 수백만의 사람들이 질병의 희생자가 되고 제명을 다 하지 못하고 죽는다. 매일 일어나는 가장 흔한 사건들이 사람들에게는 신비롭고 설명할 수 없는 것처럼 보인다. 사람들은 갑자기 슬픔이 밀려옴을 느끼고 그 상태의 설명을 위해 머리를 긁적거릴 때 이것이 태양광을 차단하는 구름에 의해 발생했다는 것을 알아차릴 수도 있다.

누군가는 그에게 소중한 친구의 환영을 보는 것이 이상하다고 생각하지만 바로 그 직전에 거리에서 그 친구를 지나쳤거나 어딘가에서 그의 사진을 봤을 수도 있다. 누군가는 옷깃 단추를 잃어버렸을 때 자신이 그 직전에 무엇을 했는가 기억해서 단추의 위치를 짚어내지 못하고, 한 시간 동안 소란을 피우며 욕설을 퍼붓는다. 관찰력의 부족은 무지의 한 형태일 뿐이며, 많은 병적인 관념과 사방에 만연한 어리석은 생각들의 원인이다. 텔레파시와 다른 영적 발현, 영성주의와 죽은 자와의 교감을 믿지 않고, 적극적이거나 소극적인 기만자의 말을 듣지 않으려는 사람은 열 명 중 한 명을 넘지 않는다. 이 경향이 명석한 미국인들 사이에서도 얼마나 뿌리 깊게 자리잡았는지를 설명하기 위해, 나는 한 가지 웃긴 사건을 이야기해 보고자 한다.

전쟁 직전에, 이 도시에서의 나의 터빈 전시가 많은 기술논문에 언급되게 되자, 나는 그 발명품을 손에 넣기 위해 제조사들 사이에 쟁탈전이 일어날 것이라고 예상했다. 그리고 나는 수백만 달러를 축적하는 데 뛰어난 재능을 가지고 있었던 어떤 디트로이트 출신의 남자를 위해 특별한 디자인이 준비되어 있었다. 나는 그가 언젠가 나타날 것이라고 확신했고, 나는 비서나 조수들에게 이것을 확신한다고 말해 두었다. 아니나 다를까, 어느 화창한 아침, 나는 포드 자동차 회사의 엔지니어들이 중요한 프로젝트에 대해 나와 의논하고 싶다는 요청을 받았다.

"내가 말하지 않았나?"

나는 내 직원들에게 의기양양하게 말했다. 그러자 그 중 하나가 말했다.

"대단하시네요, 테슬라 씨. 모든 것이 항상 예상하신대로 돌아가

143

는 걸요." 이 고집 센 남자들이 자리에 앉자마자, 나는 당연히 즉시 내 터빈의 멋진 특징들을 칭찬하기 시작했다. 그 때 대변인들이 나를 가로막으며 말했다.

"우리는 당신이 말하는 게 뭔지 다 압니다. 하지만 우리는 특별한 임무를 위해서 온 것 입니다. 우리는 심령현상에 대한 조사를 위해 심리학 단체를 만들었는데, 당신이 이 사업에 참여하기를 바랍니다."

그 기술자들은 그들이 내 사무실에서 쫓겨 나갈 뻔했다는 사실을 몰랐을 것이다. 당대 가장 위대한, 불멸한 이름을 지닌 과학계의 지도자들이 나에게 나는 비범한 정신을 가지고 있다는 말을 한 이후부터, 나는 나의 희생과 상관없이 위대한 문제의 해결에 모든 사고력을 기울였다. 여러 해 동안 나는 죽음의 수수께끼를 풀기 위해 노력했고, 모든 종류의 영적인 암시를 간절히 기다렸다. 하지만 내가 살아오면서 초자연적인 인상을 받은 경험은 단 한 번뿐이었다. 그것은 나의 어머니가 돌아가실 때의 일이다. 나는 고통과 오랜 간호로 완전히 지쳐있었고, 어느 날 밤 집에서 두 블록 정도 떨어진 건물로 옮겨졌다. 나는 그곳에 힘없이 누워있으면서, 만약 내가 어머니의 침대 머리맡에서 떨어져 있는 동안 어머니가 돌아가시면, 틀림없이 나에게 신호를 주실 것이라고 생각했다. 나는 그 때부터

144

두세달 정도 전 지금은 작고한 나의 친구 윌리엄 크룩스와 함께 런던에 있으면서 영성주의를 논하였는데, 이 때 나는 이런 생각들에 완전히 사로잡혀 있었다. 나는 다른 이들에게는 관심을 기울이지 않았을지언정, 내가 학생이었을 때 읽었던 복사 물질에 관한 그의 획기적인 저작은 나를 전기 경력의 세계로 뛰어들게 만들었기 때문에 그의 주장에는 민감했다. 나는 이 때 저 너머의 세계를 바라볼 수 있는 여건이 가장 유리하다고 생각했다. 왜냐하면 나의 어머니는 천재적이고 특히 직관력이 뛰어났기 때문이다. 밤새도록 내 뇌의 모든 섬유는 기대감에 긴장되어 있었지만, 내가 잠에 빠진, 혹은 졸도한 새벽까지 아무 일도 일어나지 않았다. 그리고 나는 꿈에서 놀랍도록 아름다운 천사 같은 형상을 하고 있는 구름을 보았다.

그 중 하나는 나를 사랑스럽게 바라보다가 점차 어머니의 모습을 갖추었다. 그 모습은 천천히 방안을 떠돌다가 사라졌고, 나는 수많은 목소리가 들려오는, 설명할 수 없이 달콤한 노래에 잠이 깼다. 그 순간 나는 말로 형언할 수는 없지만 어떤 확신을 갖고 어머니가 방금 돌아가셨다는 사실을 깨달았다. 그리고 그것은 사실이었다. 나는 내가 미리 받은 고통스런 지식의 엄청난 무게를 이해할 수 없었고, 여전히 이러한 인상을 받고 있으면서 신체 건강도 좋지 않은 상태에서 윌리엄 크룩스 경에게 편지를 썼다. 내가 회복되었을 때,

나는 오랫동안 이 이상한 현상의 외부 원인을 찾았고, 매우 안심스럽게도 나는 수개월간의 헛된 노력 끝에 이 원인을 찾는 데 성공했다. 나는 어떤 유명한 화가의 상징적인 구름의 형태로써 공중에 떠있는 것처럼 보이는 천사들의 무리와 함께 있는 계절의 하나를 표현한 그림을 본 적이 있는데 이것은 나에게 강하게 다가왔다. 이그림은 내 꿈에서 본 것과 정확히 똑같이 나타났고, 딱 하나 다른점이 있었다면 나의 어머니의 모습일 뿐이었다. 그 때 들은 음악은부활절 아침 이른 미사 때 인근 교회의 성가대에서 들려온 것이었다는 사실에 의해 모든 것은 과학적 사실에 부합되도록 만족스럽게 설명되었다.

이런 일은 오래 전에 일어난 것이고, 그 이후로 전혀 근거가 없는심령적 현상에 대한 나의 견해를 바꾸어야 할 이유는 어떤 희미한흔적도 없었다. 이것에 대한 믿음은 지적 발달의 자연스러운 결과이다. 종교적 교리는 더 이상 정통적인 의미로 받아들여지지 않지만, 모든 개인은 어떤 종류로든 천상적 힘에 대한 믿음을 고수한다. 우리 모두는 우리의 행동을 다스리고 만족을 보장하는 이상을가져야 하지만, 그것이 신조가 되든, 예술이 되든, 과학이든, 또는그 밖의 어떤 것이 되든 그것이 비세속적인 힘의 기능을 다 하는한 중요하지 않다. 인류 전체의 평화적 현존에 있어서 하나의 공통된 개념이 우세해야 하는 것은 필수적이다.

나는 심리학자와 영성학자들의 주장을 뒷받침하는 어떤 증거도 얻지 못했지만, 나는 개인의 행동에 대한 지속적인 관찰을 통해서 뿐만 아니라 특정한 일반화를 통해 더욱 결정적으로 삶의 자동성을 완전히 만족스럽게 증명했다. 이것은 내가 인간 사회에 있어서 가장 위대한 순간이라고 간주하는 발견이라 생각하는데, 지금 그 발견에 대해 간단히 언급하고자 한다. 나는 아직 내가 아주 어렸을 때 이 놀라운 진실에 대해 처음으로 깨달았지만 몇 년 동안 나는 내가 발견한 것을 단순한 우연으로 해석해왔다.

대표적인 예로, 나 자신이나 내가 애착을 가졌던 사람, 또는 내가 헌신했던 어떤 사람이 다른 사람들로부터 너무나도 불공평하게 상처를 받을 때마다, 나는 특이하고 어떻게 정의하기 어렵지만 이보다 더 나은 용어가 없기 때문에, "우주적"이라고 불릴만한 고통을 경험했다. 그리고 그로부터 얼마 지나지 않아 그렇게 상처를 입힌 자들은 언제나 비탄에 잠겼다. 그러한 많은 사건들이 있은 후에 나는 이것을 내가 점진적으로 공식화하여 다음 몇 마디로 정의될 수 있는 이론의 진실을 그들 스스로 납득할 기회가 있었던 친구들에게 털어놓았다.

우리들의 몸은 구조가 서로 비슷하고 모두 동일한 외부 영향에 노출된다. 이것은 우리의 모든 사회적 규범과 다른 규칙, 그리고 법률이 기초한 일반적 활동에서 유사한 반응과 행동의 유사성을 갖게하는 결과를 낳는다. 우리는 물 표면에서 코르크 마개처럼 이리저리 던져지는 매개체의 힘에 의해 완전히 제어되는 자동기계에 불과하지만, 우리는 외부로부터 들어오는 충격의 결과를 자유의지로 착각한다. 우리가 수행하는 움직임과 다른 행동들은 항상 생명을 보존하며, 겉보기에는 서로 매우 독립적이지만, 우리는 서로 보이지 않는 연결고리로 연결되어 있다. 유기체가 완벽하게 정돈되어 있는 한 그 유기체는 그것을 자극하는 작용제들에 정확하게 반응하지만, 어떤 하나에 어떤 혼란이 있는 순간, 자기 보존력은 손상된다. 물론 모든 사람들은 누군가 귀가 먹거나, 시력이 약해지거나, 팔다리가 다치면, 그 사람의 존속 가능성이 줄어든다는 것을 알고 있다.

하지만 이것은 또한 아마도 더더욱 자동기계의 중요한 특성을 박탈하고 그것을 파괴로 몰아넣는 원인이 되는 특정한 결함임이 사실일 것이다. 매우 민감하고 관찰력이 강하고 온전하고 환경의 변화에 따라 정확하게 행동하는 고도로 발달된 메커니즘을 가진 존재는 초월적인 기계적 감각을 부여받아 너무 미묘해서 직접 인지할 수 없는 위험을 회피할 수 있게 한다. 누군가 근본적으로 통제

기관에 결함이 있는 다른 사람들과 접촉할 때, 그 감각은 강한 자기주장을 하며 그 사람은 "우주적인" 고통을 느낀다. 이 진실은 수백 번의 사례에서 입증되었고 나는 자연을 공부하는 다른 학생들이 이 주제에 관심을 기울이라고 제안하고자 한다. 그러면 결합되고 체계적인 노력을 통해 세상에 헤아릴 수 없는 가치가 있는 결과를 얻을 수 있을 것이라고 믿는다.

나의 이론을 뒷받침하기 위해 자동변환기를 만들자는 생각이 일찍이 떠올랐지만, 1893년 무선통신 조사를 시작할 때까지는 활발한 작업을 시작하지 않았다. 그 후 2~3년 동안, 나는 멀리서 작동되는 수많은 자동 메커니즘을 제작하여 나의 실험실의 방문객들에게 전시되었다. 1896년에 나는 많은 작업을 할 수 있는 완전한 기계를 설계했지만, 나의 노동의 완성은 1897년 말까지 지연되었다.

이 기계는 1900년 6월 센츄리 매거진의 기사와 그 당시의 다른 정기 간행물에 삽화와 함께 설명이 되어 있고, 1898년 초에 이것이 처음 소개되었을 때, 이 기계는 나의 발명품 중 어떤 것도 만들어내지 못한 돌풍을 일으켰다. 1898년 11월, 심사장은 내가 주장한 것을 믿지 못하였기 때문에 그가 뉴욕까지 와서 기계의 시연을 본 후에야 이 새로운 기술에 대한 기본적인 특허가 나에게 주어

겼다. 나중에 내가 워싱턴에 있는 한 관리에게 그 발명품을 정부에 제안할 목적으로 방문했을 때, 그 관리는 내가 성취한 것을 말하자 웃음을 터뜨렸던 것을 기억한다. 그 당시에는 그런 장치를 완벽하게 만들 가망이 있다고 누구도 생각하지 않았던 것이다.

유감스럽게도, 이 특허에서, 나의 변호사의 조언에 따라, 나는 제어가 단일 회로와 잘 알려진 형태의 검출기를 통해 영향을 받는다고 표시했는데, 그 이유는 개별화를 위한 방법과 장치에 대한 보호를 아직 확보하지 못했기 때문이다. 사실, 내 보트는 여러 회로의 공동 작용을 통해 제어되었고 모든 종류의 전파 간섭은 배제되었다. 나는 일반적으로 응축기를 포함한 루프 형태의 수신 회로를 사용했는데, 그 이유는 고압 송신기으로 부터 방출된 전파가 넓은 공간의 공기를 이온화시켜 아주 작은 안테나도 몇 시간 동안 주변 대기로부터 전기를 끌어당길 수 있었기 때문이다.

예를 들어, 나는 고도로 고갈된 짧은 전선이 연결된 하나의 단자가 있는 지름 12"의 전구에서 실험실의 모든 공기의 전하가 중화되기 전에 1,000개의 연속 섬광이 잘 전달된다는 것을 발견했다. 루프 형태로 된 수신기는 전파 장애에 민감하지 않았으며, 이것이 뒤늦게 인기를 얻고 있다는 점은 흥미로운 일이다. 실제로 루프형 태는 안테나나 긴 접지 전선보다 훨씬 적은 에너지를 모으지만, 현재의 무선 장치에 내재된 여러 가지 결함이 없다. 관객들 앞에서 나의 발명품을 시연할 때, 방문객들은 얼마나 복잡한 질문이든 질문하도록 요청받았고, 자동장치는 그 질문에 신호로 대답하도록 되어 있었다. 이것은 그 당시 마법같다고 여겨졌지만 실상은 내가 장치를 이용해서 답을 한 것이므로 굉장히 간단한 것이었다.

같은 시기에 또 다른 대형 무선 자동 보트가 제작되었는데, 그 사진이 이번 호의 일렉트리컬 익스페리멘터 지에 나와 있다. 그 보트는 선체를 여러 번 회전하는 루프로 제어되며, 완전히 방수가 되어 수면 아래로 잠길 수 있는 것이었다. 이 장치는 기계의 적합한 작동에 관한 가시적 증거를 보여준 백열등처럼 내가 소개한 특정 특수 기능을 제외하고 처음 사용한 것과 유사했다.

하지만, 조작자의 시야 범위 내에서 제어되는 이 자동기계는 내가 생각했던 것처럼 무선 자동장치 기술의 진화에 있어서 처음이자 다소 조잡한 단계였다. 그 다음 논리적 개선은 시야의 한계를 넘어 통제의 중심에서 멀리 떨어진 자동 메커니즘에 적용되었고, 나는 그 이후로부터 지금까지 전쟁 도구로서 총보다 자동기계의 이용의 지지해왔다. 기발하기는 하지만 참신함이 전혀 없는 업적이라고 하는 언론의 무관심한 발표로 판단하자면, 이제와서 이것의 중요성이 인식되는 것 같다. 기존 무선 설비를 사용하여 항공기를 띄

우고 특정 근사 경로를 따르며 수백 마일 거리에서 일부 작동을 수행하는 것은 불완전한 방식이지만 실행 가능하다. 이런 종류의 기계는 다른 여러 가지 방법으로 기계적으로 제어될 수 있으며, 전쟁에서 어떤 유용성이 증명될 수 있다는 점을 나는 의심하지 않는다. 그러나 내가 아는 한, 그러한 목적을 정확하게 달성할 수 있는 도구는 아직 존재하지 않는다. 나는 수년간 이 문제에 대한 연구에 몰두했고, 그러한 대단한 일을 쉽게 실현시킬 수 있는 수단을 발전시켰다.

지난 번에도 말했듯이, 내가 대학생이었을 때, 나는 지금의 비행기와는 전혀 다른 비행 기계를 고안했었다. 기본 원칙은 그럴싸 했지만, 충분히 오랫동안 가동할 수 있는 원동력이 부족했기 때문에 실행에 옮길 수 없었다. 최근 몇 년 동안 나는 이 문제를 성공적으로 해결했고 현재 엄청난 속도를 낼 수 있고 가까운 미래에 평화 협상에서 강력한 논거를 제공할 수 있을, 받침 날개, 보조익, 프로펠러, 그리고 그 외 외부 부착물이 없이도 유지되는 항공기를 계획하고 있다. 전적으로 반작용에 의해 유지되고 추진되는 이러한 기계는 108페이지에 나와있는데, 이것은 기계적으로 또는 무선 에너지에 의해 제어되어야 한다. 적절한 발전소를 설치한다면 이런 종류의 미사일을 공중으로 발사하여 수천 마일 떨어진 곳에도 이 미사일을 지정된 장소에 거의 정확하게 투하할 수 있을 것이다. 무선 자동기계는 궁극적으로 언젠가 생산될 것이며, 개별적인 지능을 소유한 것처럼 행동할 수 있을 것이고 이것의 출현은 혁명을 일으킬 것이다. 1898년에 이미 나는 대형 제조 회사의 대표자들에게 자동차의 조립과 공개 전시를 제안했는데, 이 자동차는 그 자체로 판단력과 유사한 것을 포함하는 매우 다양한 작업을 수행할 것이었다. 그러나 내 제안은 그 당시에 터무니 없는 것으로 여겨졌고 그 후로 아무 진전도 없었다.

현재 많은 유능한 사람들이 이론적으로만 끝난, 내가 1914년 12월 20일 쓴 지(誌)에 실린 기사에서 정확히 지속 시기와 주요 이슈들을 예측한, 끔찍한 갈등의 반복을 막기 위한 방법을 궁리하고 있다. 현재 제안된 연맹이 구제책이 아니고, 많은 유능한 사람들의 생각에 의하면 정반대의 결과를 가져올 수도 있다. 평화 조건을 구체화하는 데 있어서 징벌적 정책이 채택된 것은 특히 더 유감스러운 일이다.

이는 몇 년 후엔 국가들이 군대, 배, 총도 없이 훨씬 더 끔찍한 무기로 사실상 제한이 없는 파괴적인 행동과 범위로 싸울 수도 있을 것이기 때문이다. 어떤 도시든 적과 아무리 거리가 멀어도 적에 의해 파괴될 수 있으며, 세상의 어떤 힘도 그렇게 되는 것을 막을 수 없을 것이다.

만일 우리가 임박한 재앙과 지구를 지옥으로 바꿀지도 모르는 사태의 상황을 피하고자 한다면, 우리는 한순간도 지체하지 않고 국가의 모든 힘과 자원으로 비행기와 에너지의 무선 전송을 추진해야 한다.

니콜라 테슬라 자서전

초판 인쇄 2024년 1월 11일
초판 발행 2024년 1월 16일

지은이   니콜라 테슬라
펴낸이   진수진
펴낸곳   책에 반하다

주소   경기도 고양시 일산서구 대산로 53
출판등록   2013년 5월 30일 제2013-000078호
전화   031-911-3416
팩스   031-911-3417